애니멀
레이키

애니멀 레이키

2014년 10월 20일 초판 1쇄 발행. 2022년 5월 13일 초판 2쇄 발행. 헤별이 쓰고, 도서출판 샨티에서 박정은이 펴냈습니다. 이홍용이 교정을, 이근호가 표지와 본문 디자인을 하였으며, 이강혜가 마케팅을 합니다. 인쇄와 제본은 상지사에서 하였습니다. 출판사 등록일 및 등록번호는 2003. 2. 11 제2017-000092호이고, 주소는 서울시 은평구 은평로 3길 34-2, 전화는 (02) 3143-6360, 팩스는 (02) 6455-6367, 이메일은 shantibooks@naver.com입니다. 이 책의 ISBN은 978-89-91075-91-7 03490 이고, 정가는 16,000원입니다.

이 도서의 국립중앙도서관 출판시도서목록(CIP)은 e-CIP홈페이지(http://www.nl.go.kr/ecip)와 국가자료공동목록시스템(http://www.nl.go.kr/kolisnet)에서 이용하실 수 있습니다.(CIP제어번호: CIP2014027853)

애니멀 레이키

반려 동물을 행복하게 하는 기적의 손 치유

혜별 지음

【산티】

차례

힐러로
살아간다는 것

레이키를 아시나요?

요즘은 '반려 동물 가정 200만' 시대라고들 합니다. 다양한 동물 친구들과 함께 생활하는 분이 주변에 정말 많지요. 예전에는 동물을 그저 마당에서 집이나 지키고 예쁘장한 외모와 어리광으로 사람들에게 즐거움을 주는 관상용 정도로만 생각했다면, 지금은 온전한 가족의 구성원으로 존중하고 사랑으로 함께하는 분들이 많습니다. 그러다 보니 자연스레 동물 복지에 대한 관심도 커지고, 사람에 비해 짧은 생을 살고 떠나는 동물 친구들에게 좀 더 나은 삶을 선사하고자 노력하는 반려인이 늘어나고 있어요.

최근 애니멀 커뮤니케이션animal communication이 각광받고 있는 것도 동물들이 원하는 것이 무엇인지 들을 수 있고 어떤 아픔을 느끼고 있는지 알 수 있다면 동물들에게 필요한 것을 하나라도 더 해줄 수 있고 조금이라도 더 행복하게 해줄 수 있겠다고 생각하는 분이 그만큼 늘어났기 때문이지요.

애니멀 커뮤니케이션이란 동물과 마음으로 소통하는 것을 말합니다.

동물도 사람과 마찬가지로 생각을 하고 자기들만의 언어로 교감하며 살아가고 있습니다. 가족이 외출했다 돌아오면 반겨주기도 하고 가족 외에 다른 존재들을 보면 경계하기도 하지요. 간식을 꺼내주려 하거나 산책을 시켜야겠다고 생각만 했을 뿐인데 동물이 먼저 간식 보관 장소나 현관문 앞에 가서 기대에 부푼 표정으로 앉아 있기도 하고요. 이런 예는 글로 다 적을 수 없을 만큼 많지요. 그러니 반려 동물과 오래 생활해 온 분들이라면 동물들이 사람과 다른 언어로 소통을 하는 것일 뿐 생각이 없는 존재가 아니라는 것을 경험을 통해 잘 알고 있을 거예요.

그렇다면 이와 같은 동물들의 생각을 우리가 어떻게 읽고 또 소통할 수 있을까요? 동물들은 오감을 이용하여 모든 소통을 합니다. 흔히 텔레파시라고 부르기도 하는 에너지적 교류 방법이지요. 인간도 언어와 문자를 사용하기 이전에 오감에 의존해 소통하면서 생존하던 시기가 있었습니다. 실제로 오감을 비롯한 직관을 통해서 다가올 자연 재해를 예감하고 주변에 알렸다거나, 갑작스레 닥치게 될 사고를 예견했다거나, 가족 등 소중한 존재가 죽어간다는 느낌을 받고 연락을 취했다거나, 동물이나 심지어 식물과도 대화를 주고받았다고 하는 이야기들을 우리는 주변에서 많이 접할 수 있습니다. 이런 감각들은 누구나 가지고 있지만 인류가 오랫동안 언어와 문자로 소통하는 방식에 길들여지면서 그 기능이 퇴화되었을 뿐이에요.

그런 감각들을 발달시켜서 동물들과 언어 주파수를 맞추고 교감하는 것이 애니멀 커뮤니케이션입니다. 현재 국내에도 활발히 활동하는 뛰어난 동물 교감사(애니멀 커뮤니케이터)들이 많이 있고, 외국의 경우에는 이미 100여 년 전부터 이 분야에 대한 연구 자료와 관련 서적이 방대하게 나와 있어 관심 있는 사람이라면 누구나 쉽게 접할 수 있습니다. 국내에서는 그 역사가 얼마 되지 않다 보니 아무래도 애니멀 커뮤니케이션이라는 용어나 분야가 낯설게 들리겠지만요.

언어나 문자가 아닌 에너지적 교류에 의한 소통이 가능하다는 것은 내가 그간 교감을 나누어본 수천 마리의 동물들과 반려인들이 나에게 보내준 반응과 답변을 통해서 분명하게 알 수 있었지요. 이 책에서도 동물들의 힐링을 진행할 때 많은 부분 애니멀 커뮤니케이션을 이용하는 것을 볼 수 있을 거예요. 애니멀 커뮤니케이션에 대한 설명은 이 정도로 하고, 이제부터는 애니멀 커뮤니케이션과 더불어 동물 친구들의 행복한 삶을 도와주는 멋진 도구, 레이키reiki 힐링을 소개하고자 합니다.

레이키 힐링은 에너지를 운용하고 리딩reading한다는 점에서 애니멀 커뮤니케이션과 매우 밀접한 관계가 있습니다. 애니멀 커뮤니케이션을 진행할 때 동물의 아픈 부위를 느끼거나 에너지의 흐름을 파악하는 것들이 모두 레이키 힐링시 힐리healee(힐링을 받는 상대방)의 상태를 파악하는 것과 상통합니다. 또한 레이키 수련을 통해서 발달한 직관력이 동물과의 대화에 큰 도움을 줍니다.

레이키는 수백여 가지 에너지 힐링 중의 한 갈래입니다. 우주에 가득한 생명 에너지, 사랑의 에너지를 내 몸으로 받아 필요한 곳에 전달해 주는 치유법이지요. 사랑을 본질로 삼는 에너지이므로 나쁜 의도를 품으면 아예 흐르지 않게 되는 순수한 의식이라는 것이 레이키 에너지의 장점 중 하나랍니다. 믿음직한 안전 밸브가 달려 있는 셈이에요! 누구나 쉽게 배울 수 있고 부작용이 거의 없으면서 큰 효과를 내는 사랑의 치유법, 레이키 힐링은 반려 동물들에게 행복함과 안락한 삶을 제공할 수 있는 선물이자 축복이 아닐 수 없습니다.

레이키 힐링은 의학적 치료와 병행하여 보조 요법으로 실시하면 놀라운 시너지 효과를 발휘합니다. 수의학적으로 해결되지 않는 동물의 심리적인 문제에도 탁월한 효과를 보이지요. 사람을 대상으로 할 때도 눈에 띌 정도의 효과를 보이지만, 의식이 순수하고 에너지에 민감한 동물에게는 더 큰 효과를 발휘합니다.

이렇게 유용하고 좋은 치유법이 국내에서는 아직 많이 알려지지 않았으니 안타까운 일입니다. 그나마도 사람을 대상으로 한 레이키 힐링 위주로만 알려져 있어, 애니멀 힐링animal healing은 더없이 생소한 분야인 형편입니다. 현재 국내에 나와 있는 레이키 관련 서적들은 모두 사람에게 적용되는 레이키를 다루고 있지요. 외국에서는 애니멀 힐링 서적과 관련 연구 자료가 많이 출판되어 있지만 언어의 장벽 때문에 마음껏 접하기가 쉽지 않은 상황입니다.

애니멀 레이키 힐러로 활동하기 시작한 때부터 지금까지 궁금증이 생기거나 비슷한 사례를 찾아보고 싶어도 위와 같은 이유들로 갈증을 해결하기 어려웠어요. 혼자 시행착오를 거듭하며 힘들게 터득해야 했던 때를 생각하면 아쉬움이 많이 남습니다. 그래서 레이키 힐링을 널리 알리고, 지금까지 내 경험을 토대로 힘들게 얻은 지식과 교훈을 필요로 하는 분들과 함께 나누고 싶다는 간절한 마음에서 이 책을 쓰게 되었어요.

동물과 함께한 어린 시절

어려서부터 유독 몸이 허약했던 저는 도시를 떠나 강원도 산골의 할머니 댁에서 요양 생활을 해야 했습니다. 시내로 나가는 버스가 하루 두 번밖에 없는 그곳은 평화롭고 공해와도 거리가 먼 곳이었지만, 도시에서 살던 아이에게는 하루하루가 정말 따분한 곳이기도 했어요. 그렇지만 지금 생각하면 그 심심함은 나에게 주어진 축복이 아니었나 싶어요. 또래 친구가 없다 보니 자연스럽게 동물들과 친구처럼 지내고 자연을 사랑하는 사람으로 성장할 수 있었으니까요.

할머니는 농사일을 하느라 하루 종일 집을 비울 때가 많았지만 나는 혼자가 아니었어요. 그럴 때면 으레 강아지, 고양이, 새들까지 종일 말동무가 되어주고 따뜻한 온기를 나눠주며 외롭거나 무섭지 않게 저를 지켜주었답니다. 할머니를 따라 밭에 나갈 때도 종종걸음으로 뒤따라오던 동물들은 어딜 가나 함께해 주는 벗이자 가족이었지요.

대청마루에 벌러덩 누워 있으면 강렬히 내리쬐는 햇빛이 감은 눈 속으로 쏟아져 들어와 황홀한 색상들로 향연을 벌이는데, 그 시간은 내가 아주 좋아하는 시간이었어요. 뒤에서 소개해 드릴 레이키 정통 명상법을 시행할 때면 나는 그때의 그 따스한 햇빛 에너지를 고스란히 느낄 수가 있어요. 어린 시절의 경험이 레이키 에너지를 느끼고 받아들이는 데 크게 도움이 된 겁니다.

그렇게 동물과 자연에 둘러싸여 지내다 보니 건강이 좋아져 저는 다시 도시로 돌아왔어요. 하지만 도시로 온 뒤에도 저는 늘 동물 친구들이 그리웠죠. 아무 대가 없이 자신의 모든 것을 내어주던 동물들의 그 맑은 눈과 온기가 생각나지 않을 때가 없었답니다. 그러나 도시에서 동물과 함께 살기는 쉽지 않았어요. 부모님은 동물을 좋아하기는 했지만 "동물과 사람은 다르다"고 명확히 선을 긋는 분들이어서, 늘 "나중에 너 혼자 독립해 살 때 마음껏 키워라. 지금은 안 돼"라고 말씀하셨거든요.(독립해 살고 있는 지금 나는 고양이 여섯 마리와 함께 지내고 있어요!)

워리어와 뚜레가 가르쳐준 사랑

할머니 댁을 떠나온 뒤 처음 인연을 맺은 동물 친구는 워리어라는 이름의 노견이었어요. 첫사랑이나 다름없어 더욱 애틋했던 워리어는 나에게 동물이 가족과도 같은 존재라는 사실을 깨닫게 해주었지요. 그러나 사랑이 깊었던 만큼 이별의 후유증도 컸답니다. 오래오래 지켜주겠다는 약속을 지키지 못하고, 어느 날 뇌진탕 후유증으로 워리어를 떠나보내야 했어요. 마음의 준비를 할 새도 없이 갑작스러운 이별을 맞고 저는 우울증이 찾아와 몇 달간 시계가 멈춰버린 듯 막막한 시간을 보냈습니다. 설거지, 청소, 빨래, 아무것도 할 수 없었어요. 집안 구석구석 남아 있는 워리어의 흔적을 차마 바라볼 수 없어서 매일 밖으로 나돌았고, 나갈 기운이 없을 때는 종일 울며 지냈어요.

이별의 아픔을 추스르고 다시 살아갈 힘을 얻을 수 있었던 것은 또 다른 동물 친구와의 인연 덕분이었습니다. 이번에는 멍멍이 친구가 아닌 고양이 친구였지요. 외출 길에 우연히 만난 길고양이 뚜레에게 워리어가 먹다 남기고 간 사료를 나눠주기 시작한 것이 인연이 되어 고양이들과 저의 운명적인(?) 사랑이 시작되었답니다. 그전까지 저는 개만 좋아하는 사람이었어요. 고양이는 아주 싫지는 않지만 어딘가 무섭다는 편견을 가지고 있었지요. 그러나 뚜레를 알게 되고 2년 남짓 길고양이들에게 먹을 것을 나누어주는 '캣맘'으로 지내면서 자연스럽게 마음의 문을 열게 되었어요. 아픈 아이들, 사연이 있어 갈 곳 없는 아이들을 집으로 데려와 거두다 보니 한때는 열세 마리나 되는 고양이 대가족의 엄마 노릇을 하기도 했어요. 뚜레와의 인연은 슬픔에 잠겨 있는 나에게 워리어가 보내준 선물 같았답니다.

그렇게 많은 고양이들과 함께 생활하다 보니 자연스럽게 그 친구들의 생각이 궁금해졌어요.

'말이 통하면 얼마나 좋을까?'

자식 같은 고양이들이 아플 때면 그 생각은 더욱 간절해졌지요.

'어디가 아픈지 정확히 알 수 있으면 얼마나 좋을까? 아니, 내가 대신 아플 수 있다면 얼마나 좋을까……?'

마지막 인사도 나누지 못하고 그렇게 허무하게 워리어를 떠나보낸 것에 대해 아쉬움이 너무 컸기에 다시는 그런 일이 없으면 좋겠다는 생각도 많이 들었어요. 아이들이 아플 때마다 병원을 드나들다 보니 고양이의 질병에 대해서는 개의 경우와 달리 상대적으로 알려진 바가 적다는 사실과, 고양이는 스트레스를 받으면 쉽게 큰 병으로 이어져 목숨이 위태해질 수 있다는 사실도 알게 되었어요.

'병원 치료에 더해 내가 해줄 수 있는 것이 없을까? 아이들과 좀 더 소통하고 마음을 보듬어줄 수 있는 방법이 없을까?' 생각하다가 발견한 것이 애니멀 커뮤니케이션이었답니다.

지금은 여러 애니멀 커뮤니케이터들이 활발히 활동을 하고 있지만, 제가 이 분야를 처음 알게 되었을 때만 해도 국내에서 활동하는 사람이 손에 꼽힐 정도였기에 그런 분을 찾아 동물과의 교감을 의뢰하기도 쉽지 않고, 의뢰를 하고 나서도 동물과 충분히 소통했다는 기분이 들지 않았어요. 그래서 대화 방법을 직접 배워보기로 결심하게 되었지요.

열심히 배우고 노력해서 동물 교감사로 활동할 수 있을 정도가 되었을 때, 한 강의에서 '레이키'라는 것을 처음 접하게 되었습니다. 애니멀 커뮤니케이션의 수련 방법 중 하나인 명상 수련이 레이키 수련과 상통하는 부분이 적지 않고 외국의 유명한 동물 교감사들 중 많은 분이 레이키 마스터이기도 하다는 사실을 알게 된 겁니다.

그 당시에는 가볍게 넘겼지만, 레이키를 알게 된 것은 이후 나에게 일어난 숱한 기적들 가운데 인생의 중요한 한 발자국을 내딛게 만든 뜻 깊은 것이었습니다. 힐러healer(치유사)로서 길을 가겠노라 결정하고도 어느 정도 시간이 흐른 뒤에야 비로소 깨달았지만요.

함께 나누고픈 사랑과 축복

처음부터 힐러로 살아가겠다고 마음먹은 것은 아니었어요. 내가 레이키 힐러로 살기로 마음을 굳힌 때는 나의 첫 힐링 실습을 받아주었던 노견 두리가 기적적으로 치유되는 과정을 보고, 내 '아들'(이 책은 내 자신을 포함해 동물을 가족처럼 여기며 살아가는 분들의 이야기를 다루고 있기에 그들이 평소 동물을 부를 때 호칭인 '아들' '아이' '애기' '동물 친구' 등의 표현을 그대로 쓰고, 동물과 함께하는 사람에 대한 호칭도 주인이 아니라 '엄마' '보호자' '반려인' 같은 표현을 사용했습니다)이자 가디언이었던 칸쵸가 고양이에게는 사형 선고와도 같은 복막염에 걸려 '고양이 별'로 돌아가는 과정을 함께하면서였어요.

내가 보내주는 레이키를 받고 두리가 나아지는 기쁨을 맛보는 한편 칸쵸를 떠나보내는 나의 아픔과 떠날 수밖에 없는 칸쵸의 마음을 레이키 에너지가 어떻게 감싸 안아주는지 직접 느끼고 경험하면서 레이키 힐러로 살기로 결심을 굳힌 거지요. 내 아이가 아플 때 남에게 기대지 않고 내 손으로 무언가 해줄 수 있다는 점이 큰 위안이 되기도 했고요. 또 아이가 떠났을 때 레이키의 도움을 받아 스스로 힘을 내서 내 마음을 다잡을 수 있었다는 사실이 참으로 감사하기도 했어요. 레이키가 떠나는 동물에게는 두려운 마음 없이, 덜 고통스럽게 떠날 수 있도록 도와주는 도구가 될 뿐 아니라 이별을 맞는 반려인에게도 마음의 위로를 준다는 사실을 그 후로도 많은 힐링 경험을 통해 알 수 있었답니다.

이 책을 쓰기로 마음먹게 된 것도 이런 신비하고 감동적인 경험을 더 많은 분들과 함께 나누고 싶어서입니다. 그리고 특별히 선택받은 누군가만이 아니라 배우려는 열정과 약간의 시간을 할애할 의지만 있다면 누구나 쉽게 레이키 힐러가 될 수 있다는 사실을 꼭 알려드리고 싶었어요.

지금 이 시간에도 반려 동물들이 아플 때 해줄 수 있는 게 없어서 그저 가슴 졸이며 안타까워하고 계실 수많은 반려인들에게 이 책을 꼭 읽어보라고 권하고 싶습니다.

레이키 힐러가 되고 싶은 분들에게

레이키 힐러로서의 수련은 여러분이 절실히 필요로 하는 삶의 변화를 이루고 타인을 치유할 수 있도록 몸과 마음을 준비시켜 줍니다. 힐러로서 여러분의 삶은 지금까지와는 전혀 다른 새로운 여정이 될 거예요. 사랑하는 가족과 동물 친구는 물론 날마다 먹고 마시고 사용하는 것들, 나아가서는 병든 지구에게까지 좋은 영향을 미치게 됩니다. 나날이 샘솟는 사랑과 감사로 마음의 문이 열리는 경험은 물론이고요.

그러나 이런 경험을 하려면 꾸준한 수련을 통해 늘 몸과 마음을 준비해 두어야 한다는 걸 잊지 마세요.

그리고 또 하나, 반드시 기억해야 할 것이 상대방의 병이나 상황을 치유해 주는 것은 힐러 자신이 아니라는 사실입니다. 힐러는 힐리가 자가 치유력을 이끌어내 스스로를 치유할 수 있도록 도와주는 중간 역할자, '통로'에 불과해요.

이것이 레이키 힐러로서 가장 기본적으로 갖추어야 할 마음가짐이랍니다. 이 두 가지만 잊지 않으면 누구든지 힐러가 되어 치유의 기적을 일으키는 데 동참할 수 있어요.

그럼…… 준비가 되셨다면, 이 세상 하나뿐인 '약손'(레이키 치유는 온몸을 이용하여 할 수 있지만 일반적으로는 손을 이용해서 하기 때문에 손 치유법이라고도 불립니다)을 경험하러 함께 떠나볼까요?

1.
힐러로서의
첫 발걸음

내 마음의 별,
칸쵸

"칸쵸야, 왜 밥을 먹지 않아? 너도 마음이 아프니?"

생후 두 달이 채 안 된 아가의 모습으로 만났을 때부터 칸쵸는 내가 '운명의 고양이'라 부르며 사랑했던 '아들'이었어요. 칸쵸가 살아가면서 맡은 역할은 엄마를 지켜주는 가디언의 역할이라고 했어요. 언제나 옆에서 그윽한 눈길로 바라보며 슬플 때나 기쁠 때나 곁을 지켜주는 나만의 작은 왕자님이었지요. 그런 칸쵸가 며칠째 먹지 못하고 있었는데도 나는 그 이유를 바로 알아채지 못했습니다. 당시 나는 정신적으로 몹시 힘든 일을 겪어 며칠간 식음을 전폐하고 앓아누울 정도로 충격이 큰 상태였거든요. 내 자신의 힘들고 우울한 상황에 빠져서 아들 칸쵸가 함께 밥을 먹지 않고 곪는 줄도 몰랐던 못난 엄마였답니다.

힘든 일이 해결되고 정신을 차렸을 때야 비로소 칸쵸가 며칠째 구토를 하고 밥을 먹지 않고 있었다는 사실을 알고 부랴부랴 병원으로 향했어요. 그때까지만 해도 가벼운 스트레스성 위염 정도로만 생각했지요. 입원 이틀째, 면회를 가니 아이의 상태는 심각했어요. 울어서 목이 쉬고 눈은 흐리고 스트레스가 극에 달해 보였답니다. 우선은 먹는 게 중요하니 집에서 안정을 취하게 하라는 의사의 말을 듣고 퇴원을 시켜 데려왔습니다. 그렇지만 칸쵸의 상태는 점점 더 나빠지기만 했어요. 입에서 거품을 뚝뚝 흘리면서 약도 음식도 삼키지 못하고 연신 헛구역질만 해댔어요. 병원에 전화해서 상의하니 밤새 상태를 지켜보고 내일 아침에 다시 입원을 생각해 보자고 했습니다. 그 당시 나는 레이키 어튠먼트(레이키 어튠먼트에 대해서는 뒤에서 자세히 설명합니다)를 마스터 단계까지 모두 받은 상태였지만 딱히 마음먹고 수련을 해본 적이 없었고 힐링을 해본 경험도 많지 않았어요. 당연히 레이키에 대한 확신도 없었지요.

그런데 문득 '내가 해줄 수 있는 게 이것뿐인데…… 손 놓고 있는 것보다 낫겠지. 밑져야 본전 아닌가?'라는 생각이 들었어요. 어쩌면 가슴속에서 들려온 소리인지도 모르겠습니다. 지푸라기라도 잡는 심정으로, 괴롭게 웅크리고 있는 칸쵸에게 손을 뻗어 레이키 힐링을 해주었습니다. 거품을 문 채 웅크리고 부들부들 떨던 아이가 나의 손길이 닿자 거짓말처럼 몸의 떨림을 그치고 옆으로 누워 그나마 편하게 잠들지 않겠어요? 눈앞에서 일어나는 신기한 상황이 놀라우면서도 아이에게 무언가 해줄 수 있다는 사실이 몹시 기뻤어요. 허공을 향해 '감사합니다, 감사합니다'

하고 끝없이 되뇌며 인사를 드렸답니다.

칸쵸는 내가 쓰다듬거나 레이키를 전할 때는 잠시 선잠이 들었다가 내가 잠깐이라도 곁을 떠나면 일어나 앉아 다시 아파했기에 손길을 거둘 수가 없었어요. 다음날 칸쵸는 고양이에게는 사형 선고나 다름없는 복막염FIP(변종 코로나 바이러스에 감염되어 걸리는 질병) 진단을 받았습니다. 복막염 진단을 받은 고양이의 반려인이라면 누구나 그렇듯이 저 또한 벌써부터 칸쵸가 떠나기라도 한 것마냥 눈물부터 쏟아졌어요. 그렇지만 곧 마음을 다잡았습니다. 온 집안을 살균제로 소독하고, 입원해 있는 칸쵸에게 집에서 아침저녁으로 레이키를 보내기 시작했습니다.

지금은 힐링하면서 동물의 몸 어느 부위가 아프고 에너지를 얼마나 어떻게 흡수하는지 상세히 느낄 수 있지만, 당시에는 힐링 경험이 적었기 때문에 지금처럼 여러 가지 느낌을 느끼지는 못했어요. 그저 좋은 에너지를 전달해야겠다는 일념으로 임했던 기억이 납니다. 그 와중에도 병원에 입원해 있던 칸쵸가 에너지를 힘차게 받아들여 주고 나를 다독여주던 기억이 선명히 남아 있어요. 병원 진료 외에 아무것도 해줄 수 없었다면 아마 더욱 괴롭고 힘들었겠지만, 마음속에서부터 들려오는 직관의 목소리는 레이키가 칸쵸의 병세에 도움을 줄 거라고 속삭여주었어요.

다음은 칸쵸가 병원에 입원해 있을 동안 내가 집에서 원격으로 힐링을 하며 나눈 대화의 일부를 옮겨본 것입니다.

"칸쵸야, 많이 아프니?"
"아픈 건 잘 모르겠어요. 너무너무 기운이 없어요."

"엄마는 칸쵸를 아직 보낼 자신이 없는데…… 떠날 때가 된 것 같아?"

"아뇨. 나도 아직 떠나기 싫어요. 노력하고 있어요. 그러니까 울지 마세요, 엄마."

"칸쵸야, 얼른 이겨내고 엄마 지켜주러 또 올 거지?"

"울지 마요……"

"커리랑 치토(당시 나는 칸쵸를 포함해 고양이 아이들 다섯과 함께 지내고 있었어요)도 많이 아파서 엄마는 너무 무서워…… 내일 치토도 입원할 거야. 밥을 안 먹거든."

"걱정하지 마세요. 치토는 아무 문제 없을 거예요. 내 말을 믿어요."

"내일 칸쵸 보러 갈까?"

"네…… 와주세요. 와서 안아주세요."

"칸쵸야, 엄마가 해주는 힐링은 좋으니? 도움이 되는 것 같아?"

"아주 따뜻해요. 엄마가 옆에 있는 것 같아요. 계속 해주세요."

계속해서 힐링을 해달라는 말에 정성을 다해 레이키를 보냈습니다. 반드시 도움이 되리라는 믿음을 갖고요. 그 믿음은 틀리지 않았어요. 정말 기적처럼 칸쵸는 5일여 만에 완치 판정을 받고 퇴원했습니다. 병원에서도 "이런 사례가 없었다" "보호자의 정성이 통했다"며 놀라워하고 축하해 주었답니다.

집으로 돌아온 칸쵸는 언제 아팠냐는 듯이 잘 먹고 잘 놀며 건강히 지냈습니다. 같이 입원했던 치토와 커리도 다행히 칸쵸가 전해준 말대로 경미한 증세를 겪고 지나가는 것으로 그쳤고요. 집안은 평화를 되찾았고, 칸쵸는 언제까지나 엄마 곁에 머물 것처럼 겉보기에 아무 이상 없이 잘 지냈어요. 가끔 허공을 바라보며 혼자만의 생각에 빠진 듯한 모습을 보이곤 했지만 이겨내는 과정으로만 생각했답니다.

칸쵸가 퇴원한 지 한 달쯤 되던 12월 4일 밤, 그날은 유난히 일이 많아 종일 작은방에 들어앉아 바쁘게 보냈어요. 중간중간 애들 간식도 챙겨주고 캣닢(고양이들이 좋아하는 개박하 식물)도 주며 신경을 썼지만 특별히 이상한 점을 느끼지 못했어요. 밤 11시가 넘어 편의점을 갔다 오느라 20여 분 정도 집을 비웠다가, 한겨울 추운 바람에 손을 호호 불며 집에 들어와 보니 칸쵸가 늘 머무는 침대에 누워 있는 모습이 보였어요.

"우리 칸쵸 깊이 잠들었네?"

만져줄 양으로 다가가는데 웬일인지 한 걸음 한 걸음 내딛을 때마다 알 수 없는 불안감이 밀려오며 가슴이 뛰었어요. 결국 불안감은 현실이 되었지요. 떨리는 손을 추슬러 겨우겨우 가슴에 대어보니 칸쵸는 자는 듯이 세상과 이별하고 있었답니다. 이미 몸이 많이 굳어 있었지만 내가 쓰다듬어주자 그제야 모든 것을 내려놓듯 한가득 소변을 쏟아내며 이생에 마지막 흔적을 남기고 떠났답니다. 하루 종일 간식도 맛있게 먹고 오뎅 꼬치 장난감으로 놀기도 하고, 불과 세 시간 전까지만 해도 내가 뿌려주는 캣닢에 행복해하던 아이였어요. 식어가는 칸쵸의 체온이 너무너무 아쉽고 아까워서 얼굴을 부비고 또 부비며 울었습니다. 동물과 대화하는 일을 직업으로 하고 있지만 내 앞에 닥친 슬픔 앞에서는 나도 그저 평범한 보통 '엄마'였어요. 칸쵸가 떠난 뒤 아이를 레이키 빛으로 감싸서 하늘 위로 띄워주며 기도했어요.

"칸쵸야, 고생 많았지? 이제 떠나도 좋아. 네게 준비된 새로운 삶을 찾아 떠나렴……"

하지만 칸쵸는 띄워주면 가라앉고 띄워주면 다시 가라앉았어요. 칸쵸는 아직 떠날 마음이 없었답니다.

"아직 가지 않을 거예요. 엄마가 마음의 준비가 되고 아파하지 않을 때까지…… 그러니까 조금만 더 머물다 떠날 거예요."

굳어버린 칸쵸를 삼베 원단으로 싸서 상자에 넣어두니 다른 아이들이 다가가서 한 번씩 핥아주며 인사를 건넸어요. 칸쵸와 함께 늘 침대에서 잠을 자던 아이는 장례를 치르고 돌아온 뒤에도 사흘 동안 침대 가까이 오지 않았답니다. 왜 그러냐고 물어보니 아직 칸쵸가 엄마 곁에 머물고 있다는 대답이 돌아왔어요. 아직도 내 곁을 지켜주는 칸쵸도, 마지막 떠나는 아이와 엄마의 시간을 존중하고 배려해 주는 다른 아이들도 참으로 고마웠습니다.

믿지 않는 분들도 많겠지만, 저는 지금까지의 숱한 경험을 통해 영혼의 존재와 영혼들 간의 교감을 믿어요. 슬픔에 빠져 집중하기가 어려웠기에 다른 동물 교감사에게 요청을 해서 칸쵸에게 말을 걸었는데, 착한 아들 칸쵸는 엄마가 더 이상 궁금한 게 없을 때까지 길게 대화를 나누어 주었어요. 그때 칸쵸가 들려준 말 중 가장 놀랐던 것은 "엄마가 앞으로 힐러로 살아가기를 바라요"라는 말이었답니다.

칸쵸가 떠나고 내 안에서는 많은 일들이 벌어졌고, 생각에도 큰 변화가 일어났습니다. 하루하루가 다르게 온갖 감정과 생각이 출렁였는데, 이상하게도 칸쵸를 떠나보낸 슬픔과 함께 알 수 없는 기쁨과 설렘 또한 찾아왔어요. 나는 이것이 칸쵸가 내게 남긴 선물이라고 생각해요. 사랑하는 칸쵸를 잃고 레이키 힐러로 살아가기로 결심했을 때 내 마음속에 환하게 불이 켜지던 순간은 앞으로도 평생 잊지 못할 거예요.

동물의 시간은 사람보다 빨리 흐릅니다. 반려인들 중 많은 분이 이미 동물과의 가슴 아픈 이별을 겪어보았을 거예요. 나 역시 칸쵸 이전에도 여러 번의 이별을 경험했습니다. 그러나 칸쵸와의 이별이 내게 이토록 특별했던 것은 레이키의 기적을 경험하고 힐러로 살아가기로 결심한 계기가 되었기 때문입니다. 위급한 상황의 동물에게 아무것도 해줄 수 없어 발만 동동 구르는 반려인들에게 레이키 힐링이 마음의 위안을 주는 것은 물론이고 동물 친구들에게도 고통에 몸부림치지 않고 조금이라도 더 편안히 떠날 수 있도록 도와준다는 사실을 그때 절절히 느꼈어요.

그렇게 해서 저는 남은 인생을 사랑으로 치유하는 레이키 마스터가 되기로 결심했답니다.

🐾 칸쵸와 함께한 시간들.
"칸쵸야 사랑해, 그리고 고마워. 엄마는 네 덕분에 힐러가 되고 사랑을 나누는 삶을
살고 있단다. 힘들 때마다 너를 생각하면서 초심을 기억할게."

노견 두리가
준 선물

두리는 혈액암의 일종인 자가면역 용혈성빈혈을 앓고 있는 2000년생 비글이에요. 자가면역 용혈성빈혈은 혈소판에서 생성된 적혈구가 제대로 성장하지 못하는 병입니다. 극심한 산소 부족으로 두통과 심장 통증을 견뎌야 하고, 제때 발견해서 치료하지 못하면 언제 어디서 심장마비로 죽게 될지 모르는 무서운 병이지요. 네 가지 이상의 독한 스테로이드로 치료가 되기도 하지만 두리는 약의 독성을 견디지 못했어요. 약물 치료 20여 일 만에 장기가 모두 망가져 약을 끊고 안락사를 기다리다가 기적적으로 다시 살아났지만 하루하루가 위태로웠습니다.

두리의 문제는 그것만이 아니었어요. 8년 전 방광염을 앓은 뒤로 체질적으로 계속 재발하는 요로결석 때문에 고생하고 있었는데, 혈액암이 발견된 뒤로는 마취를 할 수 없어 한 달이 멀다 하고 병원에 가서 마취도 없이 요로를 뚫는 고통을 견디며 생활하고 있었답니다.

두리와는 교감 상담으로 인연을 맺었습니다. 힐러로 살아가기로 결심하고 본격적인 레이키 힐링 실습을 시작할 무렵, 몇 번이고 안락사를 고민할 정도로 힘들어하던 보호자가 두리의 힐링을 나에게 요청해 왔어요. 떠날 때 떠나더라도 조금이라도 덜 아팠으면 좋겠다는 말과 함께요. 병세가 워낙 위중했지만 나로선 레이키에 대한 지식과 확신이 부족하던 때라서 많이 긴장되고 떨리는 가운데 힐링을 시작했답니다. 힐링은 2012년 11월 1일부터 10일 사이 모두 일곱 차례에 걸쳐 원격으로 진행되었습니다.

다음은 블로그에 매일 기록했던 힐링 일지를 다시 정리한 것입니다.

제1일

힐링을 시작하니 두리가 기다렸다는 듯이 에너지를 쭉쭉 빨아들이는 것이 느껴졌어요. 양손에서 시원한 바람이 일어나더니 손끝이 저려올 정도였습니다. 힐링중 짧게 대화도 나누었는데 두리의 첫마디는 "고마워요"였어요. 둥글고 납작한 육포 간식을 먹고 싶다고 이미지를 보내오는 등 며칠 전 교감할 때보다 오히려 기분도 좋고 희망에 차 있는 모습이었답니다. 두리가 충분히 기운을 받았는지 17분 정도 지나 그만 받겠다고 이야기했을 때 힐링을 중단했어요. 힐링을 마치고 나서 보호자가 두리를 관찰한 기록을 보여주었는데, 힐링중 내가 느낀 에너지 흐름과 두리가

여러 가지 병들을 앓고 있지만 늘 웃는 표정의 두리 할아버지. 두리는 힐링 후 2년이 지난 현재까지 투병을 하면서도 씩씩하게 잘 살아가고 있다.

변화를 보인 때가 분 단위로 정확히 일치해서 둘 다 놀랐답니다.

제2일

기쁜 소식! 두리가 내보낸 결석 사진을 보호자가 보내주었어요. 힐링 며칠 전 요로 절제 시술을 받고도 나오지 않던 결석들이 마구 쏟아져 나왔답니다!

"의사 선생님이 엄청 좋아하셨어요. 양의학에서는 복부를 개복하고 방광도 절개해서 돌을 빼내고 다시 꿰매고 해야 하는데 지금 다행히 수술 부위가 아물지 않아 요로가 열려 있을 때 힐링해 주셔서 방광에 박힌

돌들이 나와주었다며…… 앞으로 40~50개 정도 더 나오면 좋겠다고 하세요. 그리고 요로 절개한 부위는 아프겠지만 두리가 기분이 좋아 보인다고 딱 알아채셨어요. 감사합니다."

생각지 못했던 희소식에 기쁘긴 했지만 아직 초보 힐러였던 탓에 그것이 힐링의 효과인지 확신이 들지는 않았어요. 조금 더 힐링하며 지켜보면 알 수 있겠지 생각했습니다. 이 날은 약속한 때보다 1분 늦게 힐링을 시작했는데 이 사실을 모르는 보호자가 나중에 힐링 시작 1분 후부터 정확하게 두리가 움찔거리며 꼬리를 흔드는 모습을 보였다고 말해주었어요. 이 날 두리는 몸 상태도 좋았지만 병원에서도 집에서도 칭찬을 많이 받고 기분이 좋다며 들떠 있었답니다. 쓰다듬어달라고 부탁하는 등 나를 신뢰하고 편안히 몸을 맡기는 모습을 보여 나도 즐겁게 힐링을 했어요.

힐링 후에 두리의 몸에서 쏟아져 나온 결석들.
크기가 손톱만한 것들도 보인다.

29

제3일

주말 동안에는 상담과 강의가 있어 두리를 만나지 못했어요. 처음에는 기운이 잘 들어가지 않아 의아했는데, 두리가 가려운 상처를 핥느라 집중하지 못했다고 나중에 전해 들었습니다. 하지만 두리가 집중하기 시작하자 곧 기운이 쭉쭉 빨려 들어갔어요.

이 날도 소소한 대화를 많이 나눴어요. 몸 컨디션이 좋아지자 희망이 좀 생겼는지 두리가 이렇게 계속 힐링을 받으면 엄마 곁에서 얼마나 더 함께할 수 있는지 물어보는데 그만 눈물이 났어요. 한 달 전만 해도 더 못 버틴다고 보내달라던 아이가 희망을 품은 것이 대견했지만, 수학의 답처럼 얼마나 더 살 수 있다고 확실하게 말해줄 수 없는 것이 너무 가슴 아팠답니다. 내가 할 수 있는 대답은 고작 "완벽히 낫게 해준다고 약속은 못하지만 떠날 때까지만이라도 덜 아프도록 도와줄게"였어요.

두리가 별 말 없이 수긍하는 모습에 또 마음이 아팠어요. 기운을 꾸준히 받아주긴 했지만 몸이 힘들어서인지 다른 동물들에 비하면 그리 오래 받지는 못하는 듯했습니다.

그리고 한 가지 재미있는 사실도 발견했어요. 집에서 원격으로 두리를 힐링하는 동안 저희 집 아이들이 질투를 하는 건지 빽빽 울어 젖히고 주변을 돌아다니며 방해하지 뭐예요.(나중에 이런 경험을 일상적으로 하게 되면서 이런 반응이 질투의 표현이라는 것을 확실히 알게 되었답니다.) 힐링을 받지 않는 동물도 레이키의 흐름을 느끼고 질투도 한다니 재미있는 일이지요.

제4일

이 날은 내 컨디션이 썩 좋지 않아 다소 조심스럽게 힐링에 임했는데, 레이키가 잘 흐르지 않고 겉도는 듯한 느낌을 받았어요. 힐링 시간도 평소보다 짧았고요. 전날 두리와 나눈 대화 내용 때문에 두리가 희망을 포기한 것은 아닌지 걱정이 되었어요. 말을 걸어보니 "오늘은 몸 상태가 괜찮으니 그만 받을래"라는 대답이 돌아왔어요. 아직 두리에게 레이키가 더 필요할 텐데 잠시 '받아주는 척'만 하고 그친 거였어요.

레이키는 동물이든 사람이든 몸에서 필요하지 않으면 흐르지 않는다고 배웠는데, 그것이 자아의 의지에 의한 것인지 몸이 저절로 판단하는 것인지는 아직 정확히 모르겠다는 생각을 했어요. 그 당시 나는 두리의 경우는 후자라고 생각을 했어요. 두리가 '받아주는 척했던' 것은 두리의 심리에 따라 몸에서 반응한 것이 아닐까 싶었습니다.

나중에 더 많은 경험을 통해 알게 된 사실은 힐링을 승인할 때는 물론이고 거부하는 마음만 없다면 에너지는 흐르게 되어 있으나, 다만 몸이 정말 에너지를 필요로 하지 않아서 의지와 무관하게 그 흐름이 차단되는 경우도 있고, 심리적으로 신뢰가 없거나 받기 싫어서 에너지의 흐름을 의도적으로 끊을 수도 있다는 것입니다.

두리가 결석이 더 나올 것 같다고도 말했는데 요로 절제술을 받은 부위가 이미 다 아물어버린 시점이라 조심스러웠습니다. 일단은 힐링을 계속하면서 지켜보되 정 필요하면 다시 절제술을 받기로 했어요.

제5일

두리는 오늘 기분이 좋지 않은지 꽤 까칠하게 굴었습니다. 몸이 좋지 않다고 했는데, 힐링하면서 내 느낌을 봐도 요도 쪽이 많이 따가운 느낌이었어요. 역시나 결석이 요로를 막았는지 낮 동안 혈뇨를 보기도 하고 오줌 줄기도 약해져 있었다고, 그래서인지 안절부절못하고 으르렁대며 힘들어했다고 해요. 힐링중에도 거실로 뛰쳐나가는 등 불안한 모습을 보였답니다. 마음이 급해진 의사가 당장 다음날 병원에 와서 절개를 하자고 했다는데, 몸도 힘들지만 시술을 받기 싫어 더 짜증을 내고 불안해한 게 아닌가 싶었어요. 두 차례에 나누어 두리가 그만 받겠다고 할 때까지 힐링을 했어요. 레이키는 두 번째 할 때보다 첫 힐링 때 훨씬 많이 흘러들어 가는 느낌이었습니다.

제6일

두리는 절제 시술을 무사히 받고 왔다고 보호자가 전해주었어요. 밤 사이 결심을 단단히 했는지 병원에 들어갈 때도 버티지 않고 대견하게 제 발로 들어가 잘 견뎌주었대요. 힐링시 내가 따가운 느낌을 받았던 부위는 살짝 곪아 있어서 고름을 긁어냈다고 하고요. 그리고 자기가 힐링 받으면 엄마 곁에서 얼마나 더 오래 살 수 있냐고 두리가 내게 물었다는 이야기를 보호자가 의사에게 들려주는 순간 마취 상태로 누워 있던 두리가 눈물을 흘려서 의사 선생님이 닦아주었다고 해요. 전해 듣는 나도 코끝이 찡해졌답니다.

보호자는 내게 기쁜 소식도 하나 전해주었어요. 빈혈로 인해 혓바닥에 늘 보랏빛이 감돌았는데 1년 반 만에 보랏빛이 사라진 걸 발견했대요! 두리가 힐링을 시작한 뒤부터 대체로 평소보다 잘 견디고 있다는 말도 전해주어서 감사한 마음을 가득 안고 힐링을 시작했습니다.

두리와 힐링으로 함께할 날이 하루밖에 남지 않았다고 생각하니 벌써부터 아쉬워서 마음을 추스르느라 묵묵히 힐링에만 집중했어요. 두리는 절개 시술을 받고 왔는데도 기분이 꽤 좋은 듯했고 느껴지는 몸 상태도 가볍고 상쾌했습니다. 역시 모든 것이 마음먹기에 달려 있는 게 아닌가 하는 생각을 해보았어요.

제7일

마지막 힐링이어서 오래 해주고 싶었지만 역시나 두리가 기운을 오래 받지 못해서 6분쯤 지나 마무리했습니다. 오늘도 대화는 많이 나누지 않고 힐링에만 집중했어요. 마지막 힐링은 딱히 드라마틱한 일화 없이 심심하게 끝났지만 보호자가 보내준 두리 사진을 보고는 깜짝 놀랐어요. 할아버지 두리의 얼굴이 며칠 사이에 뽀얗게 어려진 겁니다! 보호자도 두리 얼굴이 예뻐졌다고 확인해 주었답니다. 언제든 다시 아프면 힐링을 요청해 달라는 말과 함께 인사를 하고 마쳤습니다.

두리와의 만남과 힐링은 내게는 참으로 의미 깊은 경험이었어요. 힐링받는 동안 컨디션이 좋아졌다는 등 기쁜 소식을 많이 전해준 두리, 작은 변화도 놓치지 않고 세심히 관찰하고 알려주는 등 열정적으로 치유 작업에 참여해 준 보호자와 힐링 경험의 첫 스타트를 끊을 수 있어서 참으로 다행이었습니다. 그 덕분에 레이키의 힘에 대한 믿음과 자신감이 한층 높아졌답니다.

레이키는 힐리가 가장 필요로 하는 곳으로 '알아서' 찾아 흘러들어 간다고 합니다. 두리와 힐링할 당시에는 미처 확신하지 못했지만, 지금은 정말로 그러하다는 사실을 수많은 체험을 통해 알게 되었지요. 돌아보면 두리는 레이키 힐링을 통해 방광이나 요로보다 마음의 치유를 먼저 받은 게 아니었을까 생각됩니다. 처음에는 겨울을 버틸 자신이 없으니 이만 보내달라고 먼저 말해올 정도로 지쳐 있던 두리가 삶의 희망을 되찾았기에 몸 상태도 따라서 좋아지고 얼굴도 예뻐진 것일 테지요.

두리가 가르쳐준 소중한 교훈이 하나 더 있어요. 어쩌면 역설처럼 들릴 수 있지만 힐링받으며 좋아지는 모습을 보면 볼수록 나는 "치유는 힐러가 하는 것이 아니다"라는 사실을 실감했답니다. 힐러는 다만 통로에 불과하며 힐러가 전달하는 레이키 또한 보조적인 역할을 담당할 뿐, 레이키에 반응하여 치유를 이루어내는 것은 결국 힐리의 몫입니다. 그래서 힐리의 희망과 의지가 가장 중요한 것이고요. 역시 모든 것은 마음먹기에 달려 있다는 사실을 실감하는 한편, 다시 한 번 힐러로서의 마음가짐을 점검하는 계기가 되었답니다.

2.
레이키는
사랑입니다

레이키란
무엇인가

레이키reiki(靈氣)란 에너지 힐링의 한 갈래이자 그 에너지 자체를 이르
는 이름이기도 합니다. 이 에너지는 우주 만물을 존재하게 만드는 원천
이며, 이로 인해 만물이 존재하고 살아갈 수 있기에 생명의 에너지 또는
사랑의 에너지라고 불려요. 나에게도, 이 책을 읽는 여러분에게도, 여러
분 곁에 있는 반려 동물들에게도 레이키는 깃들어 있습니다. 물론 '무생
물'로 분류되는 세상 모든 존재들에게도 깃들어 있답니다. 레이키는 이
세상을 존재하게끔 해주는 창조의 에너지이기도 하니까요.

'레이키'는 '영기(靈氣)'의 일본식 발음입니다. 레이키 역사를 만들어낸
우스이 미카오(臼井甕男)(1865~1926) 선생이 우주의 에너지와 그 에너지를

이용한 치유법을 가리켜 지은 이름이에요. 우스이 선생이 "레이키를 창시했다"고 표현하는 경우가 가끔 있지만, 이 말은 엄밀히 따지면 절반만 맞습니다. 레이키라는 이름의 치유법을 창시한 것은 맞지만, 또한 레이키는 태초부터 이미 존재해 온 에너지를 가리키기도 하기 때문이지요.

이 에너지는 예부터 여러 시대 여러 지역의 사람들에게 다양한 이름으로 불려왔습니다. 중국·일본·한국에서는 '기氣', 인도에서는 '프라나prana', 하와이에서는 '마나mana'라는 이름으로 알려져 있지요. 이름은 서로 달라도 이 에너지는 우주에 존재하는 모든 것이 건강하고 행복하게 지내는 데 반드시 필요한 생명과 창조의 근원 에너지를 가리킵니다.

우스이 선생이 창시한 레이키 힐링 시스템은 제자인 하야시 추지로 林忠次郎(1879~1940) 선생과 하와이 출생의 일본인 타카타 하와요(1900~1980) 여사를 통해 미국을 중심으로 한 서양에 전파되어 발달했습니다. 이는 현재 검증 실험을 통해 그 효과를 입증하는 다양한 연구 결과가 나와 있으며, 세계보건기구에서 분류한 대체 의학의 하나로 공식 인정받고 있어요. 미국에서는 여러 대학에 레이키 강좌가 정식으로 개설되어 있고, 메릴랜드 주립병원을 비롯한 수많은 병원에서 레이키 힐러들이 활동하며 환자와 가족의 심신 안정과 회복을 돕고 있습니다. 물론 동물을 대상으로 활동하는 힐러들도 많답니다.

레이키가 국내에 처음 보급된 것은 20여 년 전입니다. 최근에 많이 알려지는 추세이기는 하나 아직 함께 연구하고 넓혀가야 할 부분이 많지요. 레이키 힐링 시스템은 크게 서양식 레이키Western Reiki와 일본식 레이키Traditional Japanese Reiki로 나뉩니다. 일본식 레이키는 보통 우스이 선생의 가르침에 정확한 기반을 두고 있다고 알려져 있어요. 1930년대 서양의 마스터들이 전통적인 레이키를 연구하기 위해 일본을 찾기 전까지는 일본 국내에서만 가르쳤다고 합니다.

서양식 레이키 시스템은 타카타 여사에 의해 시작되었다고 볼 수 있습니다. 하야시 선생으로부터 레이키를 전수받고 수련을 마친 뒤 하와이로 돌아온 그녀는 제2차 세계대전 이후로 전통적인 레이키 시스템을 서구인의 정서에 맞게 바꾸어 공감과 신뢰를 넓혀가야겠다고 결심을 합니다. 그래서 서양식 레이키는 일본식 레이키와 큰 갈래는 같지만 조금씩 다른 모습을 띠며 발전하게 되었습니다.

서양식 레이키는 일본식 레이키와 비교해 어떤 점이 다를까요? 서양식 레이키는 직관에 따른 손의 힐링 위치를 중시하기보다는 체계화된 힐링 포지션을 사용한다는 점이 우선 눈에 띄는 가장 큰 차이점입니다. 이것은 좀 더 높은 수준의 질병 치유와 한 차원 높은 전수를 위해 조율된 체계라고 해요. 서양식 레이키에서는 경락과 몸의 일곱 개의 주요 차크라(우리 몸의 에너지 센터)를 아우를 수 있도록 힐링 포지션을 정해 가르치고 있습니다.

하지만 몇 가지 차이점이 있다 해도 레이키가 사랑 가득한 순수 에너지 자체를 가리킨다는 점에서는 서양식 레이키나 일본식 레이키나 모두 같습니다. 동서를 막론하고 여러 가지 이유로 인해 깨지고 틀어진 에너지들을 균형과 조화를 맞춰 원래의 순수한 상태로 이끌어주는 것, 그것이 레이키 힐링의 시작점입니다.

누구나 힐러가
될 수 있다

서양식 레이키든 일본식 레이키든, 레이키를 다른 수련 및 치유법과 구분 짓는 한 가지 큰 특징은 어튠먼트attunement(靈授)라는 전수 체계가 있다는 것입니다. 어튠먼트란 레이키 마스터가 학생 개개인을 레이키 에너지와 연결해 주는 것으로서, 학생의 에너지 회로를 열어주어 레이키 에너지와 파동을 맞추고 그들 각각의 레벨에 맞는 상징들을 전수해 주는 것을 말합니다. 이것에 대해서는 뒤에 더 자세히 설명하도록 하겠습니다. 우스이 선생 이전에도 다양한 '기氣' 수련법이나 치유법이 존재했습니다. 그러나 스스로 수련하여 남을 치유하는 힐러가 되려면 오랫동안 수련을 해야만 했어요. 짧게는 몇 년, 길게는 평생이 걸리기도 했지요. 개인이 타고난 자질도 수련의 성과에 큰 영향을 미쳤고요.

레이키 치유법은 우스이 미카오 선생이 1914년 쿠라마 산에서 명상하던 중 신성한 영감을 받아 창시했다고 전해집니다. 일찍이 기공氣功에 관심이 많았던 선생은 치유사의 생명 에너지를 고갈시키지 않고 사람을 치유하는 방법을 고민하고 있었다고 해요. 백회(정수리 차크라)로 쏟아져 들어온 신성한 에너지를 통해 우스이 선생은 스스로의 생명 에너지를 쓰지 않고도 다른 사람을 치유할 수 있는 지식과 힘을 얻게 되었고, 이 에너지와 치유법을 '레이키靈氣'라고 불렀습니다.

우스이 선생은 새로이 얻은 이 능력과 지식을 이용해 7년 동안 가난한 사람들을 무료로 치유해 주다가 1922년 도쿄로 와서 '우스이 레이키 요법학회'를 만들어 본격적인 활동을 시작했습니다. 1923년 십 수만 명이 사망한 간토 대지진 때 고통받는 사람들을 치유하면서 레이키를 널리 알리게 되었어요. 우스이 선생의 제자인 하야시 선생을 통해 다시 타카타 여사에게 전해진 레이키는 서양으로 전파되어 오늘날에는 전 세계 사람들이 레이키를 쉽게 접할 수 있게 되었답니다.

우스이 선생 덕분에 현대 사회에서 많은 사람들이 좀 더 쉽고 빠르게 힐러로 활동할 수 있게 되었어요. 환경 파괴가 심하고 유전병이나 각종 호르몬 관련 질병이 만연해 수많은 사람이 고통받는 오늘날의 세계를 생각하면 참으로 시기적절하고 감사한 유산입니다. 검증된 마스터로부터 어튠먼트를 받으면 힐러로서의 자격이 주어집니다. 원할 때 언제든지 레이키에 연결하여 원하는 대상에게 레이키를 전달할 수 있어요. 그러나 완벽하고 순수한 레이키 에너지를 온전히 전달하려면 꾸준한 자기 수련을 병행해야 합니다. 레이키에는 고유의 수련 방법이자 '레이키 수련의 꽃'이라 불리는 발영법發靈法 명상과 셀프 힐링(자기 치유)이 있습니다. 모두 스스로의 에너지 통로를 정화하고 양질의 에너지를 운용하며 에고(자아)를 내려놓아 진정으로 자유로워지기 위한 수련법이지요.

레이키는 에너지 스스로 어느 곳으로 흘러야 할지를 알아서 찾아 흐르게 되어 있습니다. 그래서 힐러가 어느 곳을 치유해야겠다는 마음을 갖지 않아도 꼭 필요한 곳으로 찾아갑니다. 어떤 도구를 이용하는 번거로움 없이 손만으로 전달할 수 있다는 점도 레이키의 편리한 장점 가운데 하나입니다.

레이키 수련을 하면 힐러가 되기 이전에 수련자 스스로에게 먼저 필요한 변화들이 일어납니다. 성격이 변할 수도 있고 환경과 상황이 변할 수도 있어요. 이 모두는 자기 치유가 일어나는 과정에서 생기는 좋은 변화들이니 두려워할 필요가 전혀 없습니다. 내 자신의 문제와 트라우마를 극복해서 몸과 마음이 온전히 준비가 되어야 남을 치유하는 힐러가 될 수 있기 때문에 생기는 변화입니다.

어튠먼트를 받지 않아도 발영법 명상과 셀프 힐링을 날마다 몇십 분씩이라도 계속한다면 힐링 능력이 어느 정도 생길 수 있으니 꾸준히 수련해 보도록 합시다. 레이키 수련은 매일 스스로의 마음을 갈고 닦는 방법으로도 탁월합니다. 그러나 눈에 띄는 치유 효과를 보고 싶거나, 몸뿐 아니라 마음 깊은 곳까지 어루만져 치유할 수 있는 강력한 힐러가 되고 싶은 분들에게는 본인과 잘 맞는 스승을 선택해 어튠먼트를 받고 앞서간 분들의 경험을 통해 내려온 지혜를 배우길 권하고 싶습니다.

힐러의 삶을
바꾸는 레이키

레이키 수련을 통해서 힐러에게 가장 필요한 변화들이 먼저 일어난다고 했지요? 그 변화에 대해 좀 더 말씀드려 볼까 합니다. 멀리 돌아볼 것도 없이 제 자신이 좋은 예가 될 것 같습니다. 머리말에서도 말씀드렸듯이, 제가 레이키를 접하게 된 것은 애니멀 커뮤니케이션을 배우던 무렵이었어요. 그러다 아들과도 같던 칸쵸가 세상을 떠날 때 레이키 힐링의 필요성을 절감했고, 엄마가 힐러로서 살아가기를 바란다는 칸쵸의 말을 듣고 비로소 뜻을 확고히 세워 적극적으로 수련에 임하게 되었어요. 그리고 수련하는 과정에서 소소하지만 아름다운 변화들을 여러 차례 경험했고 지금도 경험하고 있답니다.

사실 나는 꽤 우울한 가정 환경에서 자랐어요. 완고하고 권위적인 아버지와 두 번이나 바뀐 새어머니 밑에서 눈치를 보던 애정 결핍 꼬마였지요. 어릴 때의 환경이 준 영향은 오랫동안 큰 트라우마로 남아서, 애정 결핍뿐 아니라 자기 방어가 심하고 경미한 조울증까지 앓으며 부정적이고 시니컬한 성격으로 자랐습니다. 이십대 중반에는 가족과 인연을 끊고 홀연히 잠적해 버리기까지 했어요. 참 매몰차고 지독한 방식이었지만, 그때는 그렇게라도 하지 않으면 살 수 없을 만큼 마음의 상처가 크고 힘들었어요.

동물들과 다시 함께 생활하며 동물과 소통하는 법을 배우고 또 레이키를 접한 것은 그렇게 7년째 가족과 인연을 끊고 지내던 때였답니다. 당시에는 깨닫지 못했지만 그 과정에서 나는 한 단계씩 영적으로 성장하고 있었던 거지요. 조금씩 일어나 쌓여가던 내 안의 변화들을 스스로 깨닫고 놀란 것은 갓 레이키 마스터가 되었을 때였습니다. 여느 때와 같이 명상 수련을 하던 중 갑자기 눈물이 펑펑 쏟아졌어요.

항상 입버릇처럼 하던 말이 "부모님을 절대 용서할 수 없어!"였는데, 어느 순간부터인가 내 잘못도 많다는 사실을 인정하게 되고 그러면서 부모님을 용서하기 시작했던 것 같아요. 그 인정과 용서의 마음이 수련중에 의식의 차원으로 확 올라온 거지요. 그리고 딸이 곁에 없는 사이 속절없이 늙어갔을 부모님에 대한 연민이 느껴졌어요. 그렇게, 내 자신과 주변 사이에 담을 쌓게 만들고 그들과 맺고 있던 관계를 모두 망가뜨리던 미움과 분노가 어느새 스르르 녹아 있었답니다. 마침내 나는 7년간의 불효녀 생활에 마침표를 찍고 가족과 화해할 수 있었어요. 평생 안 보고 살

것이라 믿었기에 지금 생각해도 그저 신기하고 감사한 일입니다.

자랑을 하나 더 하자면 지금 우리 가족은 내가 하는 일을 온전히 이해하고 응원해 준답니다! 이 또한 참으로 감사하죠. 현재 국내 분위기에서는 동물과의 교감이나 힐링을 직업으로 삼으면서 가족의 인정과 응원을 받는 행운을 누리는 사람은 그리 많지 않거든요.

일상에서 사람들을 사랑으로 대하기 시작한 것도 내게 일어난 중요한 변화 중 하나입니다. 물론 나도 평생 수련해야 하는 평범하고 부족한 게 많은 사람이지요. 그렇지만 예전에 비하면 확실히 마음이 여유로워지고 화내는 횟수가 줄어들었을 뿐 아니라 어떤 사람을 미워하는 마음이 들어도 금방 이해하고 용서하게 되었습니다. 이런 변화들은 모두 내가 억지로 의도한 것이 아니라 자연스럽게 몸에 밴 것들입니다.

나만 그런 변화를 겪은 게 아니에요. 레이키 수련을 하는 수련생들에게 가장 많이 듣는 말이 무엇인지 아세요?

"화를 많이 조절할 수 있게 되었어요."

"긍정적으로 변했어요."

"주변의 작은 존재들 하나하나 다 사랑하는 마음이 솟아요."

그 밖에 "사람 되었다는 소리를 들었다" "아주 밝고 긍정적인 사람이 되어버려서 스스로도 민망하다"는 농담도 심심찮게 주고받을 정도랍니다. 모두 사랑의 감정이 바탕이 되어 일어나는 변화들이 아닐까 싶어요. 레이키는 사랑이니까요.

레이키는 가정용
구급약 상자

　　레이키가 가져다주는 깨달음과 평화는 마음에만 국한된 것이 아닙니다. 나에게 처음 전수를 받아 수련을 시작하신 분들 가운데 한 분은 회사에서의 과도한 업무 스트레스로 만성두통과 소화불량에 시달리고 있었어요. 늘 머리가 무겁고 편두통이 심한데다 속이 더부룩해 두통약과 위장약을 교대로 달고 살았다고 해요. 처음에는 집에서 기르는 고양이들과 소통하고 그들을 치유하기 위해 레이키 수련을 시작한 것인데, 셀프 힐링을 통해서 마음을 가라앉히고 레이키 에너지를 온몸에 받아들이면 신기하게도 두통이 금방 사라지고 소화도 잘되어 배에서 꾸르륵 소리가 나곤 했다고 합니다. 그래서 이제는 일상 생활 구석구석에서 레이키를 알

뜰하게 활용하고 있다며 아주 밝게 웃어보였어요. 이런 체험담 덕분에 함께 수련하는 사람들 사이에서는 '레이키 레놀'이니 '레이키 활명수' 같은 신조어가 생기기도 했습니다.

잠이 오지 않아 엎치락뒤치락하며 뜬눈으로 하얗게 밤을 지새워본 분들은 잠을 못 자는 것이 얼마나 고통스러운지 잘 아실 거예요. 나 역시 워낙 예민한 성격이라 쉽사리 잠들지 못하는 편이었어요. 그러나 이제는 그런 경우에 마음을 이완시키고 레이키 에너지를 온몸에 받아들이면 거의 곧바로 잠이 들어 푹 쉴 수 있답니다. 레이키의 심신 이완 효과는 불면증과 생리통에도 탁월합니다. 대부분의 여성들이 겪는 생리통에도 누워서 가만히 배에 손을 얹어놓고 레이키를 흘려보내면 금방 온열 팩으로 찜질하는 듯한 온기가 스며들면서 통증이 줄어드는 것을 느낄 수 있어요. 배앓이를 할 때 할머니가 "내 손은 약손" 노래를 부르며 어루만져 주시면 신기하게 나았던 경험이 있지요? 이러한 할머니의 사랑이 가득한 약손도 레이키 힐링과 똑같이 사랑의 에너지가 움직여 치유를 이뤄내는 것이라고 생각합니다.

사람도 그렇지만 동물도 당장 병원에 가기는 애매하고 그렇다고 방관할 수만은 없는 병증이나 상황을 종종 경험하게 됩니다. 특히 동물들은 조금 아프다고 무조건 병원에 데려가기가 망설여지는 경우가 많아요. 병원에 데려갈 경우 비용도 비용이지만 무엇보다 아이들이 받는 스트레스가 매우 크기 때문이지요. 대부분의 동물이 그렇지만 특히 고양이의 건강은 스트레스에 크게 영향을 받습니다. 가벼운 병세라 해도 몸이 아픈 와중에 낯선 사람들에게 시달리면서 받는 스트레스 때문에 상태가 더 심각해지기도 하고, 진단을 위해 여러 가지 검사를 받다가 기력을 잃고 지쳐버릴 수도 있어요.

사람도 어느 날 소화가 안 되거나 두통이 있다가도 곧 좋아지기도 하고 설사를 하다가 하루 만에 털고 일어나기도 합니다. 동물 역시 잠깐 마음을 가라앉히고 지켜봐 주어야 할 때가 있어요. 이럴 때 레이키는 동물에게도 반려인에게도 큰 도움이 됩니다.

여기서 잠깐! 오해하지 말아야 할 것이 있습니다. 아이가 아픈데 무조건 레이키로 버텨보라는 말이 절대 아니에요! 가끔 상담 의뢰를 해오는 분 중 반려 동물이 식음을 전폐한 지 며칠이 되었는데도 상담이나 레이키 힐링 결과에 따라 병원에 갈지 여부를 결정하겠다는 분이 있어요. 나는 이렇게 상태가 심한 경우에는 무조건 병원부터 다녀오라고 합니다.

가벼운 질환인 경우 레이키 힐링이 자가 면역력을 높여 금방 이겨낼 수 있도록 도와주는 것은 사실이지만, 중증의 병은 반드시 병원의 정확한 진단과 치료가 우선되어야 해요. 레이키는 병원 치료와 병행했을 때 더 높은 시너지 효과를 주는 보조 요법이지 병원 진단과 처방을 대체할 수는 없다는 사실을 잊지 마세요! 특히나 동물은 사람에 비해 병세가 빠르게 진행되기 때문에 세심히 관찰하다가 이상이 확실해지면 즉시 병원에 데려가는 것이 좋습니다. 곡기를 완전히 끊은 지 이틀 이상이 되었고 설사를 계속하거나 종일 웅크리며 움직이지 않으려 들면 만사를 젖혀놓고 병원으로 달려가야 해요.

다만 평소보다 약간 식욕이 없거나 의기소침해 있거나 가벼운 구토 증상을 보이는 정도라면, 다음날도 지속되는지 주의 깊게 지켜보면서 레이키를 흘려보내는 사이 좋아지는 경우가 많이 있습니다.

얼마 전 저희 집 커리의 발톱을 자를 때였어요. 품에 안고 조심조심 자르는데…… 아뿔싸! 그날따라 커리가 평소와 달리 심하게 버둥거리는 바람에 발톱을 너무 깊이 잘라버렸고 혈관을 건드려 피가 났어요. 적지 않은 양의 피를 보면서 너무 미안하고 속상해서 눈물이 찔끔 났지만, 다행히 그 와중에도 힐링하는 것을 잊지 않았죠. 바로 아이를 안고 다친 발을 지혈하면서 레이키를 흘려보내 주자 피가 금세 멈췄어요. 미안해서 어쩔 줄 모르는 내게 오히려 괜찮다고 차분하게 말해주는 커리가 어찌나 듬직하고 고맙던지요.

그 뒤 틈나는 대로 다친 발에 레이키를 보내주었더니 커리의 발톱이 신기하리만치 빨리 회복되어 자랐어요. 커리는 발톱 깎기를 무척 싫어하기 때문에 늘 조심하면서 깎아주긴 하지만 한두 번은 발톱을 살짝 다친 적이 있었어요. 이번 상처는 그중 가장 심했지만 놀랍게도 회복 속도는 가장 빨랐지요. 그리고 여담으로, 커리의 발을 힐링할 때 다친 아이의 발에 반창고를 붙여주는 엄마의 모습이 떠올랐어요. 레이키가 커리의 발뿐 아니라 내 마음에도 사랑의 반창고를 붙여준 것 같았답니다.

이렇듯 레이키는 상비용 진통제, 반창고, 소화제의 역할까지 톡톡히 해낸답니다. 더 활용 가능한 범위와 효과에 대해서는 뒤에서 다시 자세히 알아보기로 해요.

3.
나도
레이키 힐러!

레이키
수련하기

    우스이 레이키 초창기에는 어튜먼트라는 전수 방법이 없이 제자들이 마스터와 모여앉아 명상(레이키 명상을 레이쥬靈受라고 하며, 레이키와 연결하는 것을 말합니다)을 함께 하면서 오랜 시간이 걸려 마스터가 되었다고 합니다. 이런 방법은 '마스터가 되겠노라' 굳은 서원을 세우고 평생을 바쳐야 도달할 수 있는 힘든 수련법이었지요. 우스이 선생은 평생 2천 명이 넘는 사람들에게 레이키를 가르쳤지만 그중 후대에 레이키를 전하고 가르칠 자격을 인정받은 제자는 열여섯 명에 불과하다고 하니, 그 수련 과정과 심사 기준이 매우 엄격했으리라 짐작이 됩니다.

    다행히 그 후에 어튜먼트라는 손쉽고 빠른 전수 방법이 개발되어서 현대에 이르기까지 많은 마스터가 배출되고 레이키가 꾸준히 전승되는 데 큰 기여를 하게 되었습니다. 어튠먼트는 좀 더 빠르고 쉽게 힐러, 마스터로서의 능력을 갖도록 도와주지만, 아래 소개하는 발영법과 셀프 힐링을 꾸준히 수련하는 것만으로도 비록 많은 노력이 필요하기는 하나 힐러로서의 역할을 할 수 있는 능력이 생깁니다.

수련하는 방법에는 이외에도 여러 가지가 있지만 이 책에서는 가장 기본이 되는 발영법과 셀프 힐링만을 우선 소개하겠습니다. 물론 사람마다 기감의 차이가 있기는 하지만, 어튠먼트를 받지 않아도 이 두 가지를 꾸준히 수련한다면 동물에게 좋은 에너지를 전달할 수 있으니 노력해 보도록 합시다.

발영법: 레이키 전통 명상법

레이키 힐러가 되려면 '레이키 수련의 꽃'이라고 불리는 발영법을 꾸준히 수련해야 합니다. 레이키의 기초적인 명상 수련 방법으로는 대표적으로 발영법發靈法이 있습니다. 발영법은 건욕, 정심 호흡, 레이쥬靈受가 결합된 수련 방법입니다. 서양식 레이키에서는 주로 레이쥬만을, 일본식 레이키에서는 발영법을 하는 것으로 알려져 있어요. 이는 우스이 레이키 역사상 중요한 인물인 타카타 여사가 미국에서 레이키를 전파할 때 발영법을 가르치지 않았기 때문이라고 전해집니다. 그래서 서양식 레이키에서는 1990년대까지는 발영법을 수련하지 않다가, 일본의 정통 레이키가 다시 서양으로 전파됨에 따라 서양식 레이키에서도 발영법을 사용하게 되었다고 합니다.

'발영법'이란 '영기靈氣(레이키)를 불러일으키는 수련법'이라는 뜻이지요. 우스이 선생이 전파하던 레이키는 단순히 우주의 에너지를 받아 남을 치유해 주는 힐러가 되는 것보다 자기 수양, 영성의 성장에 더 초점을 맞췄다고 합니다. 발영법을 '복을 가져오는 방법'이라고 말하기도 하는데 이는 이와 같은 자기 수양의 측면을 강조해서 하는 말입니다.

우주의 에너지를 받으려면 그만큼의 영적인 성장과 자기 정화가 수반되어야 합니다. 그런 성장과 정화를 이루고 유지하는 삶을 살 수 있도록 만들어진 수련법과 생활 수칙이 각기 발영법과 레이키 5계戒입니다. '5계'란 다섯 가지 생활 수칙을 말합니다. 5계를 지키고 실천하는 삶은 곧 진정한 자기 수양과 의식 향상을 이루는 레이키의 기본 이념과 상통한다 하겠습니다.

다시 발영법에 대해 살펴보자면, 어튠먼트를 받으면 빠른 시간에 에너지 통로를 개통하고 들어오는 에너지의 질적 수준을 높일 수 있지만, 여기서 그치지 않고 발영법을 스스로 꾸준히 병행해야 더욱 성장해 나아갈 수 있습니다. 나는 어튠먼트를 받기 전에도 가능하다면 날마다 발영법 수련을 하도록 권하고 있습니다. 어튠먼트를 받은 뒤에는 더 말할 필요도 없지요.

발영법은 하루 10~20분이라도 꾸준히 실행하면 직감력이나 수용 능력이 발달되고 영적인 성장이 이뤄질 수 있도록 도와주는 좋은 수행 방법입니다. 힐러에게 발영법과 셀프 힐링은 평생 함께해야 할 벗이자 필수 수련 과제랍니다.

발영법 준비하기

1. 조용하고 집중이 잘되는 장소를 찾습니다.

2. 자세는 가부좌(책상다리)를 하고 앉거나 의자에 바른 자세로 앉습니다.

3. 누워서 하는 것은 몸이 이완되면서 쉽게 잠들 수 있으니 피하는 게 좋습니다.

4. 집중에 도움이 된다면 잔잔한 음악을 틀거나 향초를 피워놓아도 좋습니다.(향초 중에는 반려 동물에게 해가 되는 향을 지닌 것들이 있으니 꼼꼼히 살피고 선택해야 해요.)

발영법 시작하기

1. 묵념 및 선언

바른 자세로 앉아 양손을 무릎 위에 가볍게 놓고 단전에 집중하며 심호흡을 합니다. 숨을 천천히 깊게 들이쉬고 내쉬기를 반복하여 몸을 이완시킵니다. "지금부터 발영법을 시작하겠습니다"라고 선언합니다.

2. 건욕

건욕乾浴은 근심이나 걱정 등 생활 속에서 쌓여 있던 나쁜 에너지들을 털어내는 것으로서 심신을 정화하고 명상으로 들어가는 준비 단계입니다. 다음에 설명하는 방법에 따라 건욕을 합니다.

① 오른손을 왼쪽 어깨부터 사선으로 오른쪽 골반 쪽을 향해 한 번 쓸어내립니다.

② 왼손을 오른쪽 어깨부터 사선으로 왼쪽 골반을 향해 한 번 쓸어내립니다.

③ ①번만 한 번 더 시행합니다.

④ 왼팔을 수평으로 앞을 향해 뻗고 오른손으로 왼쪽 어깨부터 왼손 끝까지를 쓸어줍니다.

⑤ 오른팔을 수평으로 앞을 향해 뻗고 왼손으로 오른쪽 어깨에서부터 오른쪽 손끝까지를 쓸어줍니다.

⑥ ④번만 한 번 더 시행합니다.

3. 레이쥬靈受 (레이키와의 연결)

마음을 깨끗이 하고 양 손바닥을 위로 하여 어깨 높이로 들어 올립니다. 저 멀리 우주의 근원에서 오는 신성한 사랑의 에너지가 정수리와 양 손바닥을 통해 또는 온몸으로 쏟아져 들어오는 것을 느껴봅니다.

4. 정심 호흡

정심正心 호흡은 호흡을 통해 심신을 정화하는 과정입니다. 천천히 자연스럽게 호흡을 합니다. 복식 호흡이 좋습니다. 복식 호흡이 익숙지 않으면 들숨에 배가 부풀어 오르고 날숨에 배가 푹 꺼진다고 생각하며 호흡하면 됩니다. 양손을 손바닥이 위를 향하도록 하여 편하게 무릎 위에 올려놓습니다. 의식은 단전에 두고 코로 숨을 쉽니다. 하얀 빛의 밝은 레이키 에너지가 단전에 모였다가 내 몸 구석구석으로 퍼져나가 긴장을 풀어주고 이완시켜 주는 것을 느껴봅니다. 몸 안에 가득해진 레이키 에너지가 피부를 통과해 몸 밖으로 퍼져나가 주위를 밝히며 확장되어 가는 이미지를 그립니다.

    이 과정을 반복하다 보면 스스로 호흡을 하고 있다는 사실이 느껴지지 않을 정도로 자연스럽게 몸과 마음이 고요해지고 손발에 온기가 돌며 기분이 좋아집니다.

5. 합장

    양손을 가슴 앞에 기도하는 자세로 모으고 잠시 호흡을 합니다. 가슴 앞에 모은 양손의 가운데손가락에 심신을 집중합니다. 들숨에 레이키 에너지가 손가락을 통해 흘러들어 와 팔을 지나 단전에 가득 차는 이미지를 상상하고, 날숨에 단전에 가득 모아졌던 에너지가 다시 손가락을 통해 강하게 뿜어져 나오는 것을 느껴봅니다. 이렇게 계속 집중하다 보면 마치 양 손바닥이 숨을 쉬는 듯한 감각이 느껴지고 손의 기감이 발달하는 것을 느낄 수 있습니다.

6. 레이키 5계 암송

    레이키 5계(다섯 가지 생활 수칙)를 암송합니다. 그저 외우는 것이 아니라 한 마디 한 마디를 새기며 실천하겠다는 마음을 담아 읊습니다. 레이키 5계는 다음과 같습니다.

① 오늘만은 화를 내지 않겠습니다.(Just for today, I will let go of anger.)

② 오늘만은 걱정을 내려놓겠습니다.(Just for today, I will let go of worry.)

③ 오늘만은 매사에 감사하겠습니다.(Just for today, I will give thanks for my many blessing.)

④ 오늘만은 성실하게 일하겠습니다.(Just for today, I will do my work honestly.)

⑤ 오늘만은 모든 사람에게 친절하게 대하겠습니다.(Just for today, I will be kind of my neighbor and every living things.)

7. 묵념 및 선언

양손을 다시 양쪽 무릎 위에 편하게 돌려놓고 잠시 묵념합니다. "발영법을 마치겠습니다"라고 선언하고 천천히 눈을 뜹니다.

발영법을 처음 접하는 분들의 궁금증

● 자세는 어떤 자세를 취해야 하나요?

의자에 바르게 앉은 자세나 책상다리를 하고 앉으면 좋습니다. 앉은 자세를 할 때는 허리가 불편하지 않을 정도로만 곧게 펴고 앉습니다. 간혹 누워서 하는 분들도 있는데 가능하기는 하나 심신이 이완되면서 명상을 끝까지 마치지 못한 채 잠이 들기 쉬우니 되도록 바른 자세로 앉아서 하도록 합니다.

● 심상화가 잘 안 돼요.

심상화란 생각하는 모든 것들—생각, 바라는 것, 사물, 동물, 과거, 현재, 미래 등—을 머릿속에 상상하여 그리는 것을 말하는데, 머릿속에 이미지를 그리는 것이 어려운 사람도 있습니다. 명상을 한다고 생각하지 말고 하나하나 단계별로 끊어서 천천히 머릿속으로 그려가며 연습을 해 본 뒤 본격 명상을 시작하는 것도 좋습니다. 시간에 구애받지 말고 충분히 정확히 그려질 때까지 몇 번이고 반복해 봅니다.

● 자꾸 잡념이 들고 집중을 못하겠어요.

　명상을 처음 접하면 잡념이 많이 들고 집중이 덜 되는 것이 당연합니다. 명상중에 딴생각이 들 때는 그냥 있는 그대로 그것을 받아들이고 넘겨버리면 됩니다. 잡념에 휘말려서 점점 생각이 꼬리에 꼬리를 물고 이어지는 데 빠져들지 않는다면 괜찮습니다. 집중이 잘 안 되더라도 꾸준히 수련하다 보면 명상 시간도 늘어나고 몸과 마음을 편안하게 유지할 수 있는 시간도 점점 길어지게 됩니다.

　잡념을 없애버리는 심상화 팁을 하나 소개합니다. 머릿속에 작은 상자를 만들어 잡념이 생길 때마다 상자 안에 넣고 상자를 버리는 심상화를 합니다. 잡념이 들 때마다 속으로 가만히 "컷cut"이라고 말하며 생각을 정지시킵니다. 손에 구슬로 만든 팔찌(종교적 의미가 담긴 물건이 아니라 집에 있는 아무 팔찌라도 좋습니다)를 들고 잡념이 들 때마다 굴립니다. 한 알씩 넘길 때 잡념도 사라진다고 심상화합니다.

● 들숨과 날숨에 레이키 에너지를 받아들였다가 뿜어낸다고 하는데, 호흡이 얼마나 길어야 하나요?

　명상을 하다 보면 호흡의 길이도 자연스럽게 늘어나게 됩니다. 처음에는 자신의 평소 호흡보다 조금 더 길고 깊게 호흡한다고 생각하면 되는데, 나중에는 자신도 모르는 새 호흡이 길어져 힘들지 않고 자연스럽게 할 수 있습니다. 또는 호흡이 길어지지 않더라도 그것에 맞게 레이키 에너지를 받아들였다가 방사하는 것을 자연스럽게 조절할 수 있게 됩니다.

● 발영법은 몇 분 정도 해야 적당한가요?

명상에 정해진 시간이란 없습니다. 본인이 느끼기에 충분히 이완되고 편한 시간만큼이 적당한 시간입니다. 처음에는 5분이 될 수도 있고, 점점 더 늘어나서 한 시간이 될 수도 있겠지요. 다만 적어도 하루 한 번씩은 꾸준히 하는 것을 권하고 싶습니다. 익숙해진 후에 간단히 시행하고자 할 때도 10분 이상 한다면 더욱 좋은 효과를 볼 수 있어요.

● 발영법을 한 뒤 어지러움을 느꼈어요. 뭔가 잘못된 것은 아니겠죠?

복식 호흡에 익숙하지 않거나 평소 접하지 못하던 고차원의 에너지를 접하게 되면 간혹 어지러움을 느낄 수 있습니다. 이 같은 증상은 주로 명상을 처음 접해본 분들에게 나타납니다. 명상이 익숙해지면 어지러움은 특별한 경우가 아닌 이상 거의 사라집니다.

● 발영법을 하는 중에 어떤 색상의 빛들을 보게 되었어요. 이건 무엇일까요?

명상을 하면서 레이키 에너지를 빛의 형태로 보고 느끼게 되는 경우가 많습니다. 여러 가지 색이 있지만 주로 흰색이나 황금색이 많고 보라색, 오로라색, 푸른색, 오렌지색, 초록색의 에너지를 보기도 합니다. 이러한 레이키 빛깔들은 그냥 몸으로 느낄 수도 있고 시각적으로 느껴지기도 하는 것이니 자연스럽게 느껴지도록 마음을 열어두는 것이 좋습니다. 일부러 무엇인가를 느끼려 하거나 보고 그려내려 할 필요는 없습니다. 명상할 때는 무념무상이 기본 상태입니다.

● 명상 순서를 외우지 못해 책을 보며 하다 보니 집중이 잘 안 돼요.

자주 하다 보면 순서는 자연스럽게 외워지지만 처음에는 누구나 어느 정도 어려움을 겪는 부분이기는 합니다. 그래서 저 같은 경우는 스마트폰을 이용해 내 목소리로 녹음해 두고 명상할 때 틀어놓곤 했어요. 녹음은 조용한 곳에서 하되 각 단계 사이에 충분한 시간 간격을 두어야 합니다. 녹음 파일이 최소 10분 이상은 되도록 녹음하기를 권합니다.

셀프 힐링

발영법과 더불어 꾸준히 해야 할 필수 수련이 셀프 힐링입니다. 제가 배울 때에는 마스터가 되기까지 어떤 선생님도 셀프 힐링의 중요성을 강조하는 분이 계시지 않았습니다. 하지만 진정한 힐러 마스터가 되려면 남을 힐링하기 이전에 스스로의 치유가 이루어져야 하며 몸과 마음이 레이키를 전달해 주는 통로, 연결자(힐러)가 되도록 준비해야 한다는 사실을 경험을 통해 알게 되었습니다. 제가 가르치는 분들에게는 1단계 어튜먼트를 받은 후 최소 21일간의 셀프 힐링을 필수로 하도록 안내하고 있고, 그 후에도 항상 꾸준히 수련하도록 가르치고 있습니다.

셀프 힐링은 몸과 마음이 힐러로서 준비되도록 만들어주는 수련 방법입니다. 어튠먼트를 통해서 힐러나 마스터의 자격을 얻을 수는 있지만, 수련을 통해 진정한 능력을 갖추는 것은 본인의 몫인 셈입니다.

사람의 에너지 통로는 살아오면서 경험하는 다양한 심리적 트라우마, 육체적인 질병, 생활 습관, 성격 등에 의해서 탁해졌거나 막혀 있는 경우가 많습니다. 우주로부터 온 사랑의 에너지를 온전하게 힐리에게 전달해주는 전달자 역할을 하기 위해서는 이런 에너지 통로를 정화하여 몸과 마음을 깨끗이 하는 작업이 반드시 필요합니다. 아무리 좋은 레이키 에너지라도 힐러의 에너지 통로가 정화되지 않았다면, 힐리에게 보내는 레이키에 사기邪氣(나쁜 에너지)가 섞이거나, 더 많은 에너지를 양껏 받아들여 온전히 전달하기가 어려워지지요.

이는 마치 깨끗한 물이 온전하게 전달되려면 깨끗한 수도관을 통해 흘려보내야 하는 것과 같은 이치입니다. 셀프 힐링은 더러운 이물질이 가득 끼어서 막힌 수도관을 청소해 주는 것과 비슷한 일이에요. 처음에는 대청소가 필요하지만 그 뒤로는 꾸준히 관리해 주기만 해도 그 상태를 유지할 수 있습니다. 진정한 레이키 힐러는 스스로를 먼저 치유할 수 있어야 한다는 점도 셀프 힐링을 꾸준히 해야 하는 중요한 이유입니다.

레이키가 아픈 곳을 다 낫게 해주는 만병통치약은 아니지만 언제나 가장 필요한 곳으로 흘러 치유가 일어나도록 인도해 주는 것은 확실합니다. 남을 힐링할 때뿐 아니라 스스로를 힐링할 때도 이는 마찬가지입니다. 스스로의 치유를 경험해 본 힐러가 힐리의 치유도 이루어낼 수 있다고 생각해요. 셀프 힐링을 발영법과 더불어 꾸준히 실행하면 나에게 필요한 심신의 치유와 변화를 먼저 선물받게 됩니다.

바쁜 현대인들이 하루 30분씩 시간을 내어 수련하기는 무척 힘든 일입니다. 그러나 셀프 힐링을 시작한 학생들의 수련 일지를 보면 이구동성으로 "시작하기까지가 어렵지 일단 시작하고 나니 이렇게 좋은 것을 왜 안 하려고 했을까?" 하고 감탄하는 것을 볼 수 있습니다.

바쁘고 힘든 일상 속에서 하루 30분, 나만을 위한 힐링의 시간을 가질 수 있다면, 평생을 두고 바라볼 때 어떤 비싼 보험보다, 어떤 호화로운 휴양 여행보다 좋지 않을까요? 그러니 용기를 내어 시작해 봅시다.

셀프 힐링 방법

1. 잠시 묵념하며 몸과 마음을 편안히 하고 "지금부터 셀프 힐링을 시작합니다"라고 선언합니다. 건욕을 하여 나쁜 에너지를 털어냅니다.

2. 다음의 열여섯 가지 힐링 포지션 이미지를 보고 손의 위치를 따라해 봅니다. 처음에는 한 지점마다 머무는 시간을 1~3분 정도로 정해놓고 움직이지만, 어느 정도 익숙해지면 이쯤에서 다른 부위로 옮겨도 되겠다는 직관적 느낌에 따라 옮길 수 있습니다. 명상중에 시간을 재느라 집중이 흐려진다면 1~3분마다 알람이 울리는 레이키 음악을 이용해도 좋습니다. 유튜브에서 검색해 보면 그런 음악들을 쉽게 찾을 수 있어요.

3. 손은 피부에 직접 닿게 올려놓아도 좋고 살짝 떼어놓아도 좋습니다. 다만 거리를 너무 많이 떼어놓지는 말고 손가락 사이는 붙이도록 합니다.

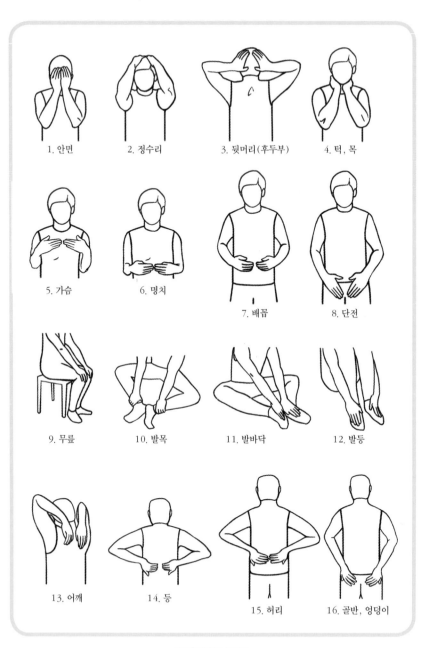

1. 안면   2. 정수리   3. 뒷머리(후두부)   4. 턱, 목

5. 가슴   6. 명치   7. 배꼽   8. 단전

9. 무릎   10. 발목   11. 발바닥   12. 발등

13. 어깨   14. 등   15. 허리   16. 골반, 엉덩이

셀프 힐링 핸드 포지션

에너지의 불필요한 손실을 막기 위해서입니다.(보통 직접 대면해서 힐링을 할 경우에도 손과 피부 사이의 거리를 30센티미터 이상 떼지 않습니다.)

4. 셀프 힐링을 하는 동안은 온몸을 이완시키고 레이키 에너지에 나를 온전히 맡기도록 합니다. 레이키 에너지는 정수리를 통해 내 몸으로 들어와 팔을 타고 힐링 포지션에 놓인 손바닥으로 강하게 방사됩니다. 시간이 흐르면 손바닥과 힐링중인 부위뿐 아니라 몸 전체에 에너지가 충만해지는 것을 느낄 수 있습니다. 가만히 내 몸에 일어나는 변화들을 인지해 봅니다.

5. 하루 한 번 30~60분 정도의 시간을 셀프 힐링에 사용합니다. 모든 포지션을 다 할 여유가 없더라도 매일 간단히 몇 가지만이라도 하는 것이 좋습니다. 하지만 늘 간단히 하기보다는 되도록 완벽하게 모든 포지션을 수행하려고 노력하는 것이 좋겠지요. 지병이 있거나 특별히 필요를 느낄 경우 하루 몇 시간씩 셀프 힐링을 집중적으로 하는 경우도 간혹 있습니다.

6. 셀프 힐링의 정석은 위와 같은 방식입니다. 후에 수련을 충분히 해서 익숙해지면 응용해서 할 수 있는 방법들이 많이 있지만, 이 책에서는 기본에 충실하여 정석이라고 할 내용들만 소개했습니다.

셀프 힐링 후의 느낌과 변화

다음은 나에게 레이키를 전수받고 함께 수련하는 분들의 셀프 힐링 수련 일지에서 허락을 받아서 가져온 내용입니다. 크고 작은 변화들을 경험하며 한 발씩 꾸준히 나아가는 수련 벗들에게 진심으로 사랑과 감사의 인사를 전합니다.

"레이키에 대해 배우고 수련을 시작한 뒤로 예전 같으면 그냥 넘겼을 순간들을 새삼스럽게 돌아보게 된다. 나의 욕심과 오만을 들여다보게 되는 것도 그렇고. 일상 속의 작은 기적이랄까, 그 반짝이는 순간들을 알아보고 감사하게 된다."

"손만 갖다 대도 따뜻하고, '심벌을 외워볼까?' 하는 순간 이미 손은 찌릿찌릿 반응한다. 무언가 깊은 곳까지 잔잔한 전기가 퍼지는 것처럼 알싸하면서도 기분 좋은 느낌이 들어 계속 머무르고 싶어진다."

"어렸을 때부터 자주 체했다. 그때마다 손을 따고 소화제를 두 병씩 마셨는데 어제도 과식을 해서 덜컥 체해버렸다. 심하게 체하면 아픈 오른쪽 눈이 또 아파오기 시작해서 일단 안면(1포지션)부터 힐링에 들어갔다. 지끈지끈 저릿저릿한 느낌이 머리 전체에 들었다. 정수리 부분에서는 그 느낌이 최고조에 올랐다가 후두부에서는 잔잔히 가라앉는다. 참 신기하다. 뜨겁지는 않으나 따뜻한 기운이 머리를 감싼다. 위쪽에 손을 올리고 약 10분 가량 힐링을 했다. 어라? 시간이 점점 지나면서 눈의 통증이 사르르 사라진다. 울렁거리던 속도 진정이 된다. 사랑스럽고 신기한 레이키!! 초쿠레이 초쿠레이 초쿠레이~"

"오늘은 가슴 포지션에서 맑은 하늘색의 에너지가 뭉게뭉게 피어올라

가슴을 꽉 채운다. 그리고 등 포지션에서 어제와 비슷하게 날개 뼈 사이로 청아한 파란색 물 에너지 같은 것이 모이더니 등줄기를 따라 쭈욱 떨어진다. 무릎을 힐링할 땐 뭔가 마음이 온화해지는 것이 느껴졌고, 나의 건강한 몸에 대한 감사의 마음이 문득 올라왔다."

"지난 몇 달 사이 레이키를 거의 비타민 챙겨먹는 것처럼 챙긴 것 같다. 주변인들로부터 얼굴빛이 밝아졌다는 얘기도 듣고, 셀프 힐링하면서 내려오는 레이키의 빛이 좀 더 묵직하고 충만해짐을 느낀다. 손의 따뜻함 정도도 전과 후에 많이 차이가 난다."

"생리통이 심해서 허리를 펴고 앉을 수조차 없었다. 누워서 복부에 손을 올리고 힐링 에너지를 받아들이기 시작했다. 손이 움찔움찔 찌릿해지면서 따뜻해지고, 신기하게도 뭔가 따뜻한 것에 감싸여 보호받는 것처럼 통증이 점점 사그라지고 있었다. 이내 이 감각과 함께 너무 이완되고 편한 나머지 잠이 들어버렸다. 레이키 레놀 짱!!"

"셀프 힐링을 시작하니 뛰어놀던 고양이 녀석들이 갑자기 차분해지면서 주변으로 모여들기 시작했다. 내 몸 반경 1미터 안에 자리를 잡고 차분히 앉아서 졸고 있는 아이, 열심히 몸을 핥아대는 아이, 나를 물끄러미 바라보는 아이…… 내 몸에 충만하게 내려앉아 감싸고 있는 레이키 에너지를 동물들도 같이 느끼고 있는 듯했다. 나뿐 아니라 주변의 아이들도 힐링이 되는 듯한 생각이 들어 뿌듯했다."

"대상포진 때문에 입원 치료를 받던 중 혈액 검사를 통해서 간 수치가 비정상적으로 높다는 것과 고지혈증이 있다는 것을 발견했다. 그 수치들 때문에 내과 진료를 따로 받아야 하는 상황이었고 꾸준히 약 복용을 권유받았는데, 1년간 약을 먹다가 별로 효과가 없어 약을 끊고 그냥 지내게 되었다. 그러던 중에 레이키 어튜먼트를 받고 셀프 힐링을 꾸준히 실행하는 동안 감기에 걸렸다. 병원에 가서 과거 병력을 말씀드리니 약 처방을 위해 혈액 검사를 해야 한다고 했다. 수치들이 또 높게 나올까봐 두려워 망설이다 검사를 받았는데 놀랍게도 정상에 가깝게 나왔다. 약을 먹어도 좋아지지 않던 수치들이 약 한 달간의 자가 치유로 인해 이렇게 좋아졌다는 것이 신기할 따름이다."

"레이키 수련을 한 뒤로 머리가 나지 않던 양쪽 이마 주변에 잔머리들이 새록새록 돋아나고 있어 주변인들도 신기하다고 한다."

"나는 수년간 흡연을 해온 애연가이다. 셀프 힐링을 한 뒤로 신기하게도 담배 맛이 너무 쓰고 맛이 없게 느껴져 손이 잘 안 가게 되었다. 그래서 점차 손이 덜 가게 되어 지금은 완전히 금연하고 있다."

힐링 핸드의 탄생

'내가 잘하고 있을까? 힐러로서 준비는 되어 있을까?' 혼자 수련하다 보면 누구나 당연히 이런 궁금증이 들게 됩니다. 이럴 때 학생들에게 준비가 되었는지 스스로 알아보는 방법삼아 내어주는 과제가 있습니다. 나에게 배우러 오는 분들은 대부분 반려 동물과 함께 생활하기에 개나 고양이가 먹기에 좋은 캣 그라스cat grass(고양이가 좋아하는 풀로, 보통 호밀, 귀리, 보리 등을 가리킵니다. 나는 귀리 싹으로 실험을 했어요)를 키워보거나 사료나 간식 같은 먹을거리에 힐링 실험을 해보라고 권합니다.

이 과제는 힐러로서 준비가 되었는지 내 자신을 재미있게 테스트해 볼 방법이 없을까 고민을 거듭하다 생각해 낸 것이에요. 짧은 시간에 성취감도 느끼고 더욱 열정을 다지는 기회로도 삼을 수 있지요. 내 손으로 처음 힐링해서 키워낸 새싹이 껑충하게 더 잘 자랐거나, 힐링한 사료를 동물이 더 잘 먹어주는 모습을 보는 즐거움과 보람은 말로 표현할 수 없는 감동을 선사합니다.

물론 이런 검증 절차가 없이도 수련을 꾸준히 했다면 크게 걱정할 필요는 없습니다. 레이키는 나의 에너지를 전달하는 것이 아니며 나는 그저 통로가 되어 순수한 레이키 에너지를 전달하는 것이므로 크게 나쁜 에너지가 전달되지는 않습니다. 그러나 에너지 통로가 깨끗해지고 순수한 에너지를 온전히 흘려보낼 수 있도록 수련하는 과정에서 이러한 실험을 해보면 자신감도 생기고 혹시나 하는 걱정도 날려버릴 수 있습니다. 매일매일 지켜보는 재미는 물론이고요!

캣 그라스 키우기

준비물
화분 또는 대용 그릇 2개, 캣 그라스 씨앗(귀리 씨앗) 한 줌, 접시, 배양토

방법
1. 캣 그라스 씨앗(귀리 씨앗)을 접시에 물을 담아 반나절 정도 불립니다.
2. 두 개의 화분에 배양토를 3분의 2 지점까지만 담고 불려놓은 씨앗을 골고루 뿌려줍니다. 양쪽 화분에 들어가는 씨앗의 개수는 동일하게 하되 한 화분당 30~50개 정도가 적당합니다.

3. 배양토로 씨앗을 덮어줍니다.

4. 두 개의 화분 중 한쪽에만 따로 표시를 하고 힐링을 해줍니다. 힐링을 할 때는 화분을 두 손으로 감싸 쥐고 1~10분 정도로 하루 1, 2회씩 실시합니다.(힐링할 때는 다른 화분과 충분히 떨어뜨려 놓고 하되 힐링을 마친 뒤에는 같은 일조량, 같은 물의 양을 유지하기 위해 다시 한 곳에 둡니다. 힐링 유무를 제외한 모든 조건은 동일하게 해주세요.)

5. 캣 그라스는 보통 5~7일 정도가 흐르면 싹이 나기 시작해서 하루가 다르게 자라납니다. 두 화분의 차이가 확연해질 때까지 꾸준히 계속해서 힐링해 주세요.

6. 힐링할 때는 셀프 힐링을 할 때와 마찬가지로 심상화를 합니다. 정수리 또는 온몸으로 받아들인 레이키 에너지가 양팔을 타고 화분을 감싼 손바닥으로 방사되고 있다고 이미지를 그리고 그 느낌을 느껴봅니다.

간혹 두 개의 화분이 별 차이가 없거나 반대로 힐링을 하지 않은 쪽이 더 잘 자라는 경우도 있습니다. 이럴 때에는 몸과 마음의 상태를 수련을 통해 좀 더 잘 준비해야겠다고 생각하고 얼마 뒤 다시 시도해 보기를 권합니다. 캣 그라스 실험과 다음의 사료 실험은 발영법과 셀프 힐링을 최소 7일 이상 한 뒤에 시도해 보는 것이 좋습니다.

실험을 하기 전에도 동물 친구에게 힐링을 하는 것이 나쁘지는 않으나, 충분히 준비가 되지 않았을 경우 동물이 자리를 박차고 일어나서 가버리거나 거부하는 몸짓을 보이기도 합니다. 특히 고양이는 레이키 에너지에 유독 예민하고, 심지어 힐러의 실력도 평가할 줄 아는 예리한 동물

힐링을 한 캣 그라스와 하지 않은 캣 그라스. 힐링을 한 캣 그라스는 자라고 난 뒤에도
줄기가 힘이 있고 곧게 위로 향하고 있지만 그렇지 않은 쪽은 사방으로 퍼져 누워 있는 모습이다.
왼쪽 상단 사진의 위에 있는 화분과 나머지 사진의 왼쪽 화분이 힐링을 한 캣 그라스이다.

70

파워 심벌을 그려놓은 쪽으로 캣 그라스가 기울어져 자라고 있다.

힐링을 해준 왼쪽 캣 그라스 쪽으로 힐링하지 않은
오른쪽 캣 그라스가 기울어져 자라고 있다.

친구이니 '찹쌀떡 솜방망이 질'을 당하기 싫다면 한 번쯤은 실험을 거친 뒤에 시도하기를 권합니다.

사료에 힐링하기

준비물
크기와 종류가 같은 그릇 2개, 사료

방법
1. 두 개의 그릇에 같은 종류의 사료를 같은 양으로 담습니다.
2. 둘 중 한 그릇에만 5분 정도 힐링한 뒤 동물 친구들이 어떤 사료를 더 많이 먹었는지 나중에 확인해 봅니다.
3. 몇 번 반복해 실험해 보면 좀 더 확연한 차이를 볼 수 있습니다.
4. 같은 방법으로 간식이나 물을 실험해 볼 수도 있어요.

초보 힐러들의
올바른 마음가짐

앞의 실험을 통해 자신감이 생겼다면 이제 본격적으로 힐러가 되어 동물 친구들에게 좋은 에너지를 보내줄 수 있습니다. 하지만 이런 좋은 에너지를 사용하기에 앞서 주의할 점이 몇 가지 있으니 꼭 꼼꼼하게 읽어본 뒤 시도하길 바랍니다.

힐링에는 청결한 손과 공간이 필수

사람의 손은 일상 생활을 하는 동안 여러 가지 것들과 접촉을 하기 때문에 좋지 않은 물질이나 에너지에 늘 노출되게 마련입니다. 단순히 더러운 것이 묻는 것을 넘어 나쁜 기운(邪氣)이 묻게 될 가능성도 높으므로 힐링 전후로는 꼭 손을 깨끗이 씻도록 합니다. 부득이 손을 씻을 수 없는 상황에 대비해 평소 손 세정제를 가지고 다니는 것도 좋습니다.

힐링 공간 역시 생각의 잔상이나 나쁜 에너지의 찌꺼기들이 많이 모이기 때문에 늘 청결한 상태를 유지하도록 해야 합니다. 좋지 않은 에너지는 청결하지 않은 환경에 더 많이 모여들기 때문입니다.

에고가 사라질 때 레이키는 흐른다

"에고가 사라질 때 레이키는 흐른다." 타카타 여사의 이 말씀은 레이키에서 빼놓고 생각할 수 없는 중요한 것이에요. 에고는 힐링을 하는 데 큰 방해 요소가 될 수 있습니다. 레이키는 기도도 아니고 종교도 아닙니다. 힐링을 하는 동안 힐리의 병을 내가 고치겠다거나 고쳐달라고 기도하지 않습니다.

이 부분은 처음 힐러가 된 분들에게는 매우 어려운 마인드 컨트롤이기도 해요. 내가 키우는 자식 같은 반려 동물이 아파서 끙끙 앓고 있다면 아무리 이성적인 사람이라 해도 사념을 버리고 차분하게, 그저 통로가 되어 레이키를 흘려주기란 쉽지 않은 일이지요. 하지만 많은 분들을 가르치면서 경험해 보니 '잘해야겠다' '이 병을 고쳐주겠다'라는 힐러의 사심이 섞여 들어갈 때 완전히 순수한 레이키 에너지가 흐르지 못하는 것을 많이 느낄 수 있었답니다.

항상 잊지 마세요! 힐리의 병은 힐러가 치유하는 것이 아니라 레이키 에너지를 받아들인 힐리 스스로 자가 면역력을 끌어올려 치유하는 것입니다. 힐러는 그저 통로로서 우주의 근원과 연결되어 순수한 레이키 에너지를 힐리에게 전달해 주는 '중간 전달자'일 뿐입니다. 그러니 힐링할 때는 자아를 내려놓고 '이 에너지는 필요한 곳으로 알아서 흘러간다'고 생각하면서 레이키를 흘려보내 주는 데에만 집중합니다. '원하는 곳에 필요한 만큼 흐른 뒤에 충분해지면 남는 것은 땅으로 흘러간다'고 생각하며 힐링해도 좋습니다.

음주 후 힐링은 안 돼요

술을 좋아하는 분들도 있고 생활하다 보면 자의든 타의든 술자리를 갖게 되는 경우도 많이 생깁니다. 그러나 술을 마셨을 때는 힐링을 해서는 안 됩니다. 나는 술을 거의 하지 않지만 레이키 수련을 한 뒤로 어쩌다 술을 마셔보면, 취기가 도는 동안 나의 에너지들이 나를 감싸고 단단하게 지켜주는 것이 아니라 내 의지와 상관없이 공중으로 분해되어 흩어져버리는 경험을 여러 번 하게 되었습니다. 수련을 하면서 '술이 몸에 맞지 않는다' 느껴지면 저절로 금주할 수 있도록 조절이 될 것입니다. 하지만 그렇지 않다면 조금씩 조절하도록 하고, 힐링 전후로 하루 정도는 알코올 섭취를 금하는 것이 좋습니다. 전문적인 힐러가 되려면 언제 어디서 도움의 손길이 필요한 힐리가 있을지 모르니 늘 어느 정도의 자기 관리는 해야 할 것입니다.

힐링을 마친 뒤에는 늘 감사하는 마음을

많은 힐러들이 이 부분을 간과하고 넘어가기 쉽습니다. 이런 축복이 가득한 일을 행할 수 있다는 사실에 늘 감사하는 마음을 가지세요. 힐링하기 전과 후에 사랑의 에너지를 제공해 준 근원에 감사한 마음을 가지고 'ㅇㅇ의 감기가 나았습니다. 감사합니다' 하는 정도의 마음을 전하는 것이 좋습니다.

동정심과 오지랖은 힐러를 지치게 만들어요

힐링 능력이 생기기 시작하면 사랑이 충만해집니다. 하루 종일 여기저기 도움이 필요한 곳에 모두 도움을 주고 싶다는 마음으로 가득 차게 되지요. 그러다 보면 스스로의 에너지 그릇을 가늠하지도 못한 채 함부로 사용하다가 이내 지치는 경우가 많습니다.

에너지 그릇이란 고차원적인 우주의 에너지를 받아들일 수 있는 자신의 역량을 말합니다. 사람에 따라 또는 수련한 기간에 따라 개인차가 많이 납니다. 그러므로 소중히 여기며 꼭 필요한 곳에 사용해야 합니다. 레이키가 만능 해결사가 아니라는 점을 항상 기억하고 자신의 역량에 맞게 힐링 횟수를 조정해야 합니다.

길을 가다 마주친 아픈 동물, 한두 사람 건너 소식을 접한 불쌍한 동물까지 모두 치유하려고 들다가 막상 절실히 필요한 때에 내 자신이 고갈이 되어 도움을 주지 못하는 경우가 있습니다. 나 역시 처음 힐러가 되었을 때에는 이런 에너지 그릇의 크기를 몰라 마음이 가는 대로 하루 6회 이상 중병의 동물들의 힐링을 예사로 하기도 했어요. 그렇게 지속하던 어느 날 고갈 증상을 겪게 되었답니다. 고갈 증상은 그 뒤 꼬박 3개월 동안 아무것도 하지 않고 내 자신의 치유에만 힘쓴 뒤 사라졌습니다. 이것은 조금 극단적인 경우이지만, 평소에 반드시 자기 에너지 그릇의 크기를 가늠하며 힐링 활동을 조정할 필요가 있습니다. 고갈 증상을 겪지 않으려면 힐링의 축복을 소중히 여기며 꼭 필요한 곳에만 에너지를 나누는 것이 좋습니다.

공짜로 에너지를 사용하지 마세요

힐리에게 보내주는 에너지는 힐러의 에너지를 직접 사용하는 것은 아니지만 그 에너지를 흐르게 하는 데에는 분명히 힐러의 에너지와 체력의 소모가 따릅니다. 나에게 레이키를 전수해 준 호운 서강익 선생님의 설명을 빌자면 이는 펌프로 물을 끌어올리는 것과 같습니다. 흐르는 물 자체는 펌프가 가지고 있는 것이 아니지만 그 물을 흐르게 하는 과정에는 펌프의 부속이 쓰이게 되지요. 부속이 쓰인다는 말은 힐링시 내 몸의 부분들이 사용된다는 말입니다. 그래서 나의 에너지를 사용하지 않더라도 그것을 받침해 주는 체력이 소모되게 마련입니다. 그러므로 꼭 필요한 곳에, 감사함과 소중함을 아는 이들과 이 선물을 나누기를 권합니다.

세계적으로 레이키 힐러들 사이에서는 유형이든 무형이든 힐링의 대가를 받는 것이 일반화되어 있습니다. 이는 레이키를 발견하고 수련 및 치유법을 창시한 우스이 선생의 경험과 관련되어 있다고 합니다. 우스이 선생이 레이키를 처음 발견했을 때에는 기쁜 마음에 모든 이들을 공짜로 치유해 주었다고 합니다. 나병 환자들이 모여 살던 마을에서도 치유를 해주었는데요, 병 때문에 노동을 하지 못하고 하루하루 동냥으로 살아가는 이들이었기에 낫고 싶다는 소망이 누구보다 간절했습니다. 그러나 레이키의 도움을 받고 병이 치유된 환자들이 감사할 줄도 모르고 여전히 나태하게 살아가는 모습을 보고 우스이 선생은 크게 한탄했다고 합니다. 개중에는 병이 나아버렸으니 더 이상 동냥을 할 수 없게 되었다며 우스이 선생을 원망하는 이들까지 있었다고 해요. 그래서 공짜로 어튠먼트나 힐링을 하지 말라는 이야기를 남겼다고 합니다.

반드시 비싼 대가를 받아야 한다거나 돈 있는 사람만 레이키의 혜택을 누릴 자격이 있다는 뜻이 아닙니다. 사람은 작은 것이라도 무엇인가 내 것이 소비되어야 그것의 가치를 느끼게 마련입니다. 그러니 금전적인 대가가 아니더라도 감사한 마음을 표현할 수 있는 작은 성의 정도라도 꼭 받으시길 권합니다. 그래야 힐러도 지치지 않고 보람을 느끼며 오래오래 힐링 작업을 지속할 수 있습니다. 예를 들어 정말로 형편이 어려운 힐리에게는 간단한 간식을 준비해 오거나 힐링 공간을 정돈하는 일을 도와달라고 부탁할 수 있겠죠. 이렇게 서로 불편하지 않은 선에서 성의를 표현할 수 있도록 권하는 것이 좋습니다. 다만 낳아주고 길러주신 부모님은 무료로 힐링해 드리는 것을 원칙으로 합니다.

힐링이 필요한 곳을 방문해서 봉사나 나눔을 할 때는 힐링 활동의 몇 퍼센트를 거기에 쓰겠다든지 한 달에 몇 회 하겠다는 식으로 자신의 규칙을 정해두고 초과하지 않는 것이 힐러와 힐리 모두에게 좋습니다. 물론 대가가 없다고 하여 힐링 약속을 어기거나 건성으로 힐링에 임하면 안 되겠지요!

힐링을 시작하기 전 반드시 방어막을 치도록 합니다

방어막(結界)을 친다는 것은 나의 에너지 파동을 높여 더 낮은 에너지로부터 자신을 지켜내는 것을 말합니다. 에너지는 높은 에너지가 낮은 에너지를 흡수하게 되어 있어요. 그렇기에 내가 높은 에너지 상태가 되면 주변의 좋지 않은 에너지들로부터 영향을 받지 않을 수 있습니다. 나쁜 에너지란 우울함, 슬픔, 분노 등이 만들어내는 어두운 에너지일 수도 있고, 주변에 머물고 있는 떠도는 영혼들 혹은 몸이 아픈 힐리의 몸에서 뿜어져 나오는 사기를 말하기도 합니다.

방어막을 치는 방법은 굉장히 다양해요. 마스터 레벨의 어튠먼트까지 받은 레이키 마스터들은 마스터 상징을 이용해서 방어막을 치기도 하지만, 그 전 단계의 힐러들은 상위 자아higher self(고차원의 더 큰 자아) 또는 가이드guide(영적인 가이드)들을 통해 방어막을 쳐달라고 부탁해도 됩니다. 아직 영적 성찰이 일정 수준까지 도달하지 못한 경우 상위 자아를 대면할 수는 없지만, 그래도 부탁을 한다면 언제든 친절하게 도와줄 것이니 걱정 말고 부탁해 보세요.

방어막을 제대로 치지 않으면 힐링중 환자가 뿜어내는 좋지 못한 에너지(사기)에 고스란히 노출되어 영향을 받을 수 있습니다. 사기에 영향을 받는다는 것은 힐러가 힐리의 병을 그대로 옮아온다는 뜻은 아니지만, 잠시 어지럽거나 몸이 휘청대기도 하고 머리가 지끈거리는 등의 즉각적인 반응을 경험할 수 있습니다. 때로는 힐러의 면역력을 일시적으로 떨어뜨려 감기나 몸살을 앓을 수도 있으니 늘 방어막을 쳐서 조심하는 것이 좋겠지요. 수련을 많이 해 자신의 에너지 파동이 높은 마스터일수록 사기에 영향을 받는 일은 덜하게 됩니다.

반대로 방어막은 힐러가 가지고 있을 수 있는 나쁜 기운을 동물들에게 전하지 않도록 막아주는 역할도 합니다. 앞서 펌프의 예를 들어 힐러 스스로의 상태를 늘 점검하고 꾸준히 수련해야 할 필요성을 설명했는데, 여기에 한 마디 덧붙이자면 힐링할 때는 평정한 마음을 갖는 것이 중요 합니다. 힐러가 화가 나 있거나 몸이 아플 때도 레이키가 흐르기는 하지 만, 특히나 동물들은 사람의 기분과 상태에 즉각적으로 큰 영향을 받기 때문에 조심하는 것이 좋습니다.

시작! 동물 친구들 힐링하기

위에서 안내한 대로 차근차근 잘 따라와 주었다면 이제 본격적으로 동물 친구들의 힐링을 시작해 봅시다!

힐링 전 체크 사항

1. 손을 청결하게 씻습니다.

2. 힐링을 진행할 공간을 청결하게 정돈합니다.(동물의 경우 가만히 있지 않고 움직이기 쉬워서 때를 놓치지 않으려면 급작스럽게 해야 하는 경우도 많으니 이 부분은 생략할 때도 있어요.)

3. 힐링 전 발영법을 실행하는 것도 좋지만 꼭 힐링 전에 명상을 해야만 하는 것은 아닙니다. 잠시 마음을 가라앉히고 가만히 내 몸 상태를 점검합니다. 내 몸 구석구석의 느낌을 살펴본 뒤 시작하면 힐링중 느껴지는 것이 힐리의 상태인지 나의 상태인지 구별하는 데 도움이 됩니다. 내 몸을 점검하는 시간은 1~2분이면 족합니다. 점검하느라 시간을 끄는 사이 얌전히 앉아 있던 동물 친구가 갑자기 신나는 놀이를 시작해 버릴 수도 있으니까요!

4. 동물들의 힐링은 평균 10~20분 정도 이루어집니다. 이보다 짧을 수도 있고 더 길게 진행이 될 때도 있습니다. 외국에서는 30~60분을 평균으로 보는 경우도 있습니다만, 나는 경험상 중소형견이나 고양이 정도의 몸집이라면 아주 중증이 아닌 이상 10~20분으로 충분했습니다. 물론 원한다면 얼마든지 늘려도 좋습니다.

동물들은 힐링을 원치 않으면 거부하고 자리를 뜨기도 하고, 레이키 에너지를 처음 느껴보는 경우에는 낯선 에너지에 순간적으로 놀라서 도망가기도 합니다. 가만히 멈춰 서서 손을 대는 반려인의 행동이 평소와 달라 낯설어서 피하는 경우도 있습니다. 그러니 "우리 고양이가 나를 피해요!"라면서 상처받지 마세요. 충분히 준비가 되고 익숙해지면 동물이 스스로 원하게 돼 곧 다시 다가와 힐링을 허용하게 됩니다. 원하지 않을 때는 하지 않는 게 좋습니다. 혹은 얌전히 잠자고 있을 때 해주어도 좋습니다.

동물 친구들 중에 유독 레이키 에너지를 좋아하고 즐기는 동물들도 있어요. 나는 이런 동물들을 반 농담삼아 '레이키 뱀파이어'라고 부릅니다. 우리 집에도 그런 녀석이 있어서 마치 때가 되면 보약을 챙겨먹듯이 힐링을 해달라고 무릎 위로 올라와 앉곤 한답니다.

🐾 레이키 힐링을 받고 나른해져 몽롱한 표정이 된 치토

🐾 "그래! 이 맛이야~" 레이키를 즐기는 랑이

동물 친구 힐링하기

1. 건욕을 합니다.

2. 상위 자아를 불러 방어막을 부탁합니다. 상위 자아가 눈에 보이지 않아
   도 도와주리라는 믿음을 가지고 자신 있게 부탁합니다.

3. 합장을 하고 "지금부터 ○○의 레이키 힐링을 시작하겠습니다. 사랑의
   에너지와 함께합니다"라고 선언을 합니다.(이 선언은 레이키 에너지와 연결
   을 하겠다는 의미입니다.)

4. 동물의 힐링 포지션 위에 가만히 손을 올려둡니다. 손은 직접 대고 있어
   도 좋고 약간 떼어놓아도 좋습니다. 동물의 경우 아파하는 부위에 직접
   적으로 손을 대는 것은 피합니다. 통증이 있는 부위는 예민해져 있기 때
   문에 레이키의 흐름이 불편하거나 괴롭게 느껴질 수 있습니다. 동물이
   불편해하면 손의 위치를 유연하게 조절해서 편안히 해주도록 합니다.

5. 나의 정수리 또는 온몸으로 받아들인 레이키 에너지가 팔을 타고 흘러
   손바닥을 통해 방사된다고 이미지를 그리고 그 느낌을 느껴봅니다. 동
   물이 필요로 하는 만큼 에너지를 가져간다고 상상합니다. 동물이 더 원
   하면 얼마든지 더 흘려보내 주고, 남으면 대지로 흘려보내 땅 속에서 정
   화한 뒤 재사용한다고 의도합니다. 힐링중 동물의 통증이나 감정이 전
   해져 올 수도 있습니다. 힐리의 상태에 동요하지 말고 평정을 유지하며
   어디가 어떤지 차분히 느껴봅니다.

6. 에너지의 흐름이 잦아들고 힐링이 충분하다고 느껴지면 감사하는 마음
   으로 근원을 향해 "○○의 병세(병의 이름을 거론하며)가 호전되었습니다.

동물들의 힐링 포지션 : 동물들은 사람과 달리 몸집이 작아 사람의 16개 포지션처럼 세분하지 않고
전체적으로 편한 자세로 손을 올려두고 하는 방법을 많이 사용한다.

감사합니다"라는 식의 인사를 하고 힐링을 마칩니다.

힐링을 할 때에는 양손의 손가락을 벌리지 않고 모아서 동물의 몸에 가만히 올려놓거나 조금 떼어놓고 하는 것이 가장 일반적인 방법이지만 힐링 에너지를 꼭 손으로만 보내라는 법은 없습니다. 다만 손은 생활할 때 가장 많이 쓰는 부위이고 감각이 예민하며 또 손바닥에는 주요 차크라(에너지들의 출입구)가 모두 모여 있어 에너지가 들고 나는 감각을 잘 느낄 수 있기 때문에 주로 손을 사용하는 것입니다. 사고로 손을 잃었거나 선천적인 신체 장애로 손을 쓰기 불편하다 하더라도 다른 신체 부위를 이용해서 얼마든지 힐러가 될 수 있습니다.

힐링 후
반응과 증상

힐링을 시작할 때와 끝난 후에 동물들의 반응을 비교해서 보는 것은 정말 재미있습니다. 그동안의 경험을 바탕으로 힐링 후에 아이들이 보이는 대표적인 증상을 몇 가지로 정리해 보았습니다. 간혹 아무 반응이 없는 아이들도 있지만, 힐링 후 즉각적인 반응이 나타날 수도 있고 몇 시간, 며칠 정도 시간이 흘러야 나타날 수도 있어요. 그러니 레이키는 언제나 필요한 곳으로 흐르고 있다는 것을 믿어보세요!

힐링 시작과 동시에 귀를 쫑긋쫑긋하며 주변을 살펴요

낯선 에너지에 놀라 귀를 쫑긋거리기도 하고, 호기심에 여기저기 두리번대거나 갑자기 돌아다니기도 합니다. 실제로 대면_{對面} 힐링을 할 경우에는 힐링 시작시 피부를 움찔움찔 떨거나 나른한 표정을 짓기도 하고 귀를 쫑긋거리는 경우도 있어요.

원격 힐링(2단계 이상의 어튠먼트를 받은 힐러는 원격 힐링이 가능합니다. 어튠먼트의 단계에 대해서는 뒤에서 자세히 설명합니다)을 할 때도 아이들의 평소와 다른 행동 반응을 보고 힐링이 시작되었다는 것, 끝났다는 것을 반려인들이 알아차릴 수 있습니다.

신나게 놀다가도 갑자기 얌전해지고 나른한 표정을 지으며 잠을 청해요

힐링을 받으면서 몸이 이완되고 기분 좋은 느낌이 들어 잠드는 것이므로 숙면할 수 있도록 편히 두세요. 사람도 힐링을 받는 동안 코까지 골면서 잠에 빠져드는 경우가 많으니 걱정하지 않아도 됩니다.

힐링이 시작되자 온몸을 여기저기 핥기 시작해요. 특히 발쪽을 많이 핥아요

힐링 에너지가 몸에 전해질 때의 느낌은 사람도 조금만 기감이 발달했다면 쉽게 알 수 있습니다. 보통은 찌릿찌릿하거나 간질간질한 느낌이 들지요. 동물 친구들은 이런 에너지들에 사람보다 수십 배는 민감한 감각을 가지고 있습니다. 핥기 시작하는 것은 온몸에 전해지는 에너지들이 간질간질 찌릿찌릿 감지되기 때문이랍니다. 힐링이 끝남과 동시에 또는 잠시 뒤에 저절로 멈추게 되는 행동이니 너무 심한 경우가 아닌 이상 그냥 두어도 좋아요.

힐링받고 난 뒤에 잠이 너무 많아졌어요

평소 접하지 않던 고차원의 에너지를 접하게 되면 그것을 내 것으로 받아들여 스스로를 정화하는 데 일정량의 체력이 필요하기도 합니다. 사람도 마찬가지죠. 평소 몸을 혹사시키거나 피로가 쌓인 사람은 힐링을 받으면 더욱 잠이 많아진다는 사실을 경험을 통해 알게 되었어요. 잠이 많아지는 또 다른 이유는 몸이 편하게 이완되기 때문입니다. 이런 증상은 아무리 길어도 며칠 내로 사라져요. 그동안 동물에게 필요했던 부분을 채우는 과정이라고 생각하면 좋습니다.

힐링받고 나서 식욕이 엄청 늘어났어요

힐링 후 힐리나 힐러가 허기를 느끼는 경우를 종종 볼 수 있습니다. 힐리의 경우는 힐링 에너지를 받음으로 해서 순환이 원활해지고 정체된 곳들이 부드럽게 풀어지기도 하면서 소화력도 왕성해질 수 있습니다. 힐러의 경우는 비록 자신의 에너지를 힐링 에너지로 삼는 것은 아니더라도 힐링 에너지를 전달하는 과정에서 체력을 소모하게 되고, 따라서 체력을 보충하기 위해 소화가 빠르게 이루어질 수 있습니다. 실제로 그룹 힐링을 마치고 나면 힐러들이 누가 먼저랄 것도 없이 하나같이 배가 고프다고 하는데, 이런 것도 재미있는 발견 중 하나였어요.

동물들은 힐링을 하는 동안이나 끝난 후에 갑자기 사료를 우적우적 먹거나 힐링 뒤 부쩍 입맛이 좋아지는 경우가 많습니다. 입맛이 없거나 병증이 심해 잘 먹지 않는 아이들의 경우 사료에 따로 힐링을 해주면 실제로 도움이 많이 되기도 합니다.

힐링을 받고 난 뒤 배변 활동이 활발해졌어요

힐리들은 몸이 안 좋은 만큼 많은 양의 사기를 뿜어냅니다. 이것이 에너지의 측면에서 좋지 않은 것을 배출하는 것이라고 한다면, 생리적인 측면에서는 대소변, 콧물, 사혈(죽은 피)처럼 좋지 않은 노폐물을 많이 배출하게 됩니다. 심한 비염으로 오래 고생한 분이 있었는데, 그분은 나에게 힐링을 받고 평소와 다르게 엄청난 양의 콧물을 쏟아낸 뒤 코가 뻥 뚫리는 경험을 하기도 했습니다. 이런 증상 역시 일시적인 것들이므로 당황하지 말고 며칠 지켜보는 것이 좋습니다.

동물 힐링에 관한 궁금증

• 가까운 거리가 아니라 몇 미터 떨어진 곳에 있는 동물을 힐링해 주고 싶어요.

충분히 가능합니다. 그게 바로 레이키 힐링의 백미거든요. 하지만 원격 힐링이 가능하려면 레이쥬靈受와 셀프 힐링을 혼자 수련하는 것만으로는 되지 않고 마스터로부터 별도의 어튠먼트를 받아야 합니다. 2단계 어튠먼트를 통해 원격 심벌을 전수받으면 그 심벌을 사용하여 원격 연결을 할 수 있는 능력을 갖게 됩니다.

• 힐링을 받고 아무런 증상도 나타나지 않는데 잘된 게 맞나요?

힐링의 효과는 사람처럼 동물 또한 제각기 차이가 납니다. 힐링하는 동안 효과를 볼 수도 있고, 힐링 후 또는 힐링한 지 며칠 뒤에 효과를 볼 수도 있습니다. 눈에 띄게 드라마틱한 변화가 일어나기도 하지만, 때로는 아무 변화가 없는 듯 잔잔하게 흘러가는 경우도 있습니다. 그래도 레이키 에너지는 필요한 곳에 흘러가 필요한 작용을 하고 있다고 생각하면 됩니다.

레이키
어튠먼트

레이키 어튠먼트는 앞서 간략히 설명한 바와 같이 레이키를 좀 더 쉽게 전수하기 위해 고안된 방식이지요. 어튠먼트는 레이키의 성장과 전파에 큰 기여를 했습니다. 이 어튠먼트 덕분에 평생을 수련에만 헌신하지 않고도 많은 마스터들이 탄생할 수 있게 되었고, 도움이 필요한 곳에 더 많은 힐링의 손길이 닿을 수 있게 되었습니다.

예전에는 평생을 힐러로서 헌신하겠다는 서원을 세운 특별한 사람에게만 레이키를 전수하여 마스터의 자격을 주었다고 합니다. 우스이 선생이 살아생전 열여섯 명 남짓의 제자만 둔 것도 이런 이유에서일 것이라 짐작합니다.

하지만 현대에는 마스터들의 생각이 많이 달라졌습니다. 과거에 비해 생활은 풍족해졌지만 그만큼 더 많은 질병이 생겨났고 온난화 현상이며 각종 환경 오염 등으로 지구 자체가 병들어 가는 지금, 과거보다 힐러들의 손길이 필요한 곳이 더 많아졌습니다. 그래서 원하는 사람 누구에게나 힐러나 마스터의 자격을 줄 수 있다고 생각하는 마스터들이 많습니다. 나 또한 이와 같은 생각이며, 사랑의 힐링을 베풀고자 하는 마음이 있는 누구에게나 어튠먼트를 전수하고 있습니다.

레이키 어튠먼트는 레이키 마스터가 심벌을 전수하고 에너지 통로를 열어주며 레이키의 근원과 연결시켜 주고 차크라들을 활성화시켜 주는 작업입니다. 단계는 보통 3단계 혹은 4단계로 나뉘는데, 전해 내려오는 과정에서 그 계열이나 마스터에 따라 조금씩 다른 전수 방식을 지니기도 합니다.

현재 전 세계적으로 200여 개가 넘는 레이키 계열이 있다고 합니다. 누가 옳고 그르다 하기 어렵고, 거슬러 올라가 보면 모두 우스이 선생을 뿌리삼아 뻗어 나온 것이지요. 하지만 간혹 이름만 레이키일 뿐 레이키의 원칙을 무시하는 사이비 레이키도 있으니 충분히 알아보고 신중하게 살펴서 스승을 정해야 합니다. 레이키 전수를 받을 때 계보 확인이 중요한 이유도 이 때문입니다.

레이키가 여러 계열로 나뉘어 발전하다 보니 오늘날에는 우스이 선생이 전파한 정통적 심벌 네 가지를 전수하는 어튠먼트 외에도 원격으로 하는 어튠먼트, 좋지 않은 것들로부터 자신을 지키는 어튠먼트 등 다양한 종류의 레이키 어튠먼트들이 생겨났습니다.

원격으로 받는 어튠먼트라고 해서 그 효과가 '없다'고 단정 지어 말할 수는 없습니다. 그러나 내가 어튠먼트를 받아본 경험으로는 스승과 제자가 서로 대면하여 직접 전수받는 것과 원격으로 전수받는 것 사이에는 기감으로 느껴지는 것에서 확연히 차이가 있었습니다. 개인적으로 진정한 전수는 테크닉적인 것의 계승에 그치지 않고 스승과 제자 간의 끊임없는 교류와 소통이 있어야 가능하다고 생각합니다. 그러므로 생애 첫 어튠먼트는 꼭 대면으로 받기를 권합니다. 어튠먼트를 받고 수련을 오랫동안 하지 않았거나 해서 추가적인 어튠먼트를 받을 경우에는 원격도 나쁘지 않지만 이것 역시 크게 추천하는 바는 아닙니다.

레이키를 어떤 스승에게 전수받았고 또 나의 스승은 그 전에 어떤 스승에게 전수받았는지를 말해주는 '계보'가 중요하다는 점은 위에서도 잠시 언급했지만, 이는 우스이 선생의 정신이 그대로 전달되어 장차 왜곡되는 일이 없기를 바라기 때문입니다. 그렇기에 스승과의 관계와 끊임없는 소통이 매우 중요할 수밖에 없습니다.

어튠먼트를 받는 동안 전수받는 사람이 딱히 해야 할 것은 없습니다. 이 전수를 승인한다는 선언과 함께 자신을 편한 마음으로 마스터에게 맡기면 됩니다. 어튠먼트 후에는 여러 가지 심신의 변화들이 일어나기도 합니다. 간혹 울컥하는 감정이 솟구치거나, 설레고 두근거리는 기분이 들기도 하며, 실제로 눈물을 흘리는 사람도 있습니다. 또 감기 증세가 있던 학생이 일시적으로 코가 뻥 뚫리는 경험을 하거나 다량의 콧물을 쏟아내기도 하는데, 이것은 필요치 않은 노폐물이 배출되는 것이라 생각하면 됩니다. 노폐물의 배출은 배변 활동으로 일어나기도 하고, 여성들의 경우 생리 양이 많아지거나 예정일보다 당겨서 생리를 시작하기도 합니다. 평소 몸을 많이 혹사시킨 사람들은 그동안 부족했던 잠을 보충하느라 며칠간 계속 졸음이 쏟아지기도 해요.

하지만 이러한 증상들이 없다 하더라도 기감이 예민한 사람은 섬세하게 변화를 느끼는 반면 그렇지 않은 사람은 덜 느끼는 것의 차이이니 걱정하지 않아도 됩니다. 마스터가 의도를 가지고 정확히 시행했다면 어튠먼트는 성공적으로 잘된 것이라 여겨도 좋습니다.

어튠먼트는 한 번 받으면 평생 유효합니다. 어튠먼트를 받은 힐러는 평생 근원과 연결되어 있으며, 언제든 원할 때마다 근원의 에너지를 사용할 수 있습니다. 하지만 기감이라는 것은 수련을 꾸준히 하고 경험을 많이 해보았을 때 더욱 예민하게 발달할 수 있고 에너지의 운용도 쉬워지기 때문에, 중간에 오랫동안 수련을 하지 않았다면 다시 한 번 보충 차원에서 어튠먼트를 받아 통로를 열어주는 것이 좋습니다. 어튠먼트는 여러 번 받는다고 해도 전혀 나쁜 영향을 주지 않습니다. 이미 받은 어튠먼트를 한 번 더 받을 경우에 스승은 무료로 어튠먼트를 해주는 전통이 있다고 합니다. 나 역시 그렇게 하고 있습니다.

레이키 어튠먼트 받기

나에게 맞는 마스터를 선택하는 방법

내 경험상 오래 인연을 맺어갈 마스터(스승)와 제자의 인연은 따로 있는 것 같습니다. 에너지적 교류가 많이 오가야 하기 때문에 잘 맞는 스승을 만나는 것이 첫걸음이라 할 수 있습니다. 나와 에너지적 궁합이 맞지 않거나 사이비 마스터 또는 노력하지 않는 마스터를 만나서 레이키에 대한 잘못된 지식이나 오해를 가지고 수련을 하는 경우, 열심히 해보려던 처음의 열정이 흐지부지되는 것을 많이 보았기에 아래와 같이 몇 가지 팁을 소개합니다.

1. 스스로의 직관에 부탁해 보세요. 나와 잘 맞는 스승과 대면해서는 절대 두통이나 식체 같은 불편함을 안겨주지 않습니다.

2. 자신만이 최고이며 언제나 옳다고 생각하는 마스터는 피하세요. 레이키에는 사랑과 겸손을 바탕으로 하는 자기 수양의 자세가 필수입니다. 어떤 사람도 세상 모든 것을 다 알 수는 없고 언제나 옳을 수만도 없습니다. 하물며 레이키 마스터라면 자신만이 최고라 생각하는 자만심은 매우 위험합니다.

3. 무료 전수를 해준다고 하면서 양질의 수업을 해주지 않는 마스터, 어튠먼트만 해주고 함께 연구하고 소통하지 않는 마스터는 피하세요. 또한 어튠먼트를 준 뒤에도 꾸준히 소통하고 함께하며 학생들을 이끌어가는지 살펴봅니다.

4. 이론만 가지고 수업하는 마스터보다는 실제 힐링을 통해 많은 경험을 쌓고 꾸준히 수련하는 가운데 끊임없이 연구하고 공부하는 마스터를 만나세요.

5. 어디서 어떻게 전수를 받은 마스터인지 실례가 되지 않는 선에서 계보를 확인하도록 합니다.(참고로 나의 마스터 계보를 밝히면 이렇습니다. 우스이

미카오→하야시 추지로→타카타 하와요→이리스 이시쿠로[라쿠게이 레이키]→
윌리엄 리 랜드[우스이 · 티벳탄 레이키]→스티브 머레이→호운 서강익→혜별)
하지만 계보가 곧 마스터의 실력을 나타내지는 않습니다. 같은 마스터
에게 어튠먼트를 받았더라도 개개인의 타고난 에너지와 성향, 수련의
정도에 따라 내공에 차이가 날 수 있습니다.

현재는 레이키의 계보가 별로 중요하지 않다고 생각하는 마스터도 많
습니다. 이유는 방금 말씀드린 대로 개인의 능력차가 더 영향을 많이 끼
친다고 생각하기 때문입니다. 그러므로 아무리 실력이 뛰어난 마스터에
게 어튠먼트를 받았을지라도 스스로 그것을 수련하고 공부하여 발전시
키지 않으면 소용이 없다는 걸 기억하세요.

어튠먼트를 받기 전 몸과 마음의 자세

1. 어튠먼트를 받기 전 일주일 정도는 감정의 평온함을 유지하고 시끄러
   운 공간의 출입을 자제하며 고요하게 지내도록 합니다. 사회 생활을 하
   는 사람이라면 지키기 힘들 수도 있겠지만 스스로 할 수 있는 선에서
   최선을 다하면 됩니다.
2. 어튠먼트를 받기 전 며칠간은 알코올, 담배, 커피(카페인), 탄산 음료는
   금하도록 하고, 육류는 가능한 피하도록 합니다. 이는 혈액을 맑게 하고
   심신을 가볍게 하기 위해서입니다.
3. 전수받기 하루 전에는 금식을 하며 몸의 독소를 배출하여 몸이 가벼워
   진 상태로 어튠먼트에 임하는 것이 좋습니다. 그러나 단식이 익숙하지

않다면 어튠먼트를 받으러 오기 전 한 끼 정도 공복 상태로 오는 것이 좋습니다. 물이나 주스는 마셔도 괜찮습니다.

4. 전수를 받기 전에 스스로가 가지고 있는 감정적인 문제들은 잠시 내려 놓고 참여합니다.

5. 어튠먼트를 받을 때에는 마스터에게 어튠먼트를 받아들이겠다는 의지 나 의도만 가지고 마스터의 지시를 따르며 편안하게 있으면 됩니다.

어튠먼트의 단계

앞서 설명한 대로 어튠먼트는 3단계 혹은 4단계로 나뉘어져 있습니다. 서구식 레이키에서는 주로 3단계로 진행하고, 일본식 레이키에서는 3단계 마스터 어튠먼트 후에 '티처'라는 단계를 두어 4단계로 어튠먼트 를 하는 차이가 있습니다.

1단계: 초전初傳, Elementary · Entry Teachings

1단계 어튠먼트는 에너지 통로를 열어주어 레이키의 근원과 연결하 고 에너지 통로를 정화해 힐러로서 준비를 마치는 것입니다. 수련을 하 지 않고 생활해 온 현대인들은 심리적인 요인이나 신체적인 요인에 의해 에너지 통로가 탁해졌거나 막혀 있는 경우가 많습니다. 이 에너지 통로 를 열어주는 작업을 하는 것이 1단계 어튠먼트의 가장 큰 역할입니다.

이 단계에서는 레이키의 네 가지 심벌(네 가지 심벌에 대해서는 다음 장에 서 자세히 설명합니다) 중 제1상징인 파워 심벌만 전수합니다. 전수받은 사람은 이제 진정한 레이키 힐러로 인정받습니다. 원할 때 언제든 자신의 손을 레이키 에너지와 연결하여 힐리의 몸에 직접 손을 얹고 에너지를 전달해 줄 수 있게 됩니다. 또한 셀프 힐링을 배우고 21일간의 셀프 힐링을 통해 치유의 시간을 갖는 것도 이 단계입니다. 수련을 계속하면 손에서 느껴지는 에너지 감각들을 익히고 느낄 수 있으며 몸과 마음에서 자기에게 가장 필요한 변화들이 일어나게 됩니다.

2단계: 오전奧傳, Inner Teachings

2단계에서는 어튠먼트를 통해 제2상징인 마음·감정 심벌과 제3상징인 원격 심벌이 전수됩니다. 이들 심벌은 힐러로서 크게 한 단계 성장할 수 있도록 도와주는 역할을 하지요. 마음·감정 심벌은 심적으로 문제가 있어 괴로워하는 힐리들을 어루만져 줄 수 있는 것은 물론 힐러의 마음속에 인류애와 세계를 향한 사랑이 깊어지게끔 이끌어줍니다.

2단계의 가장 큰 역할은 레이키 힐링의 무척 편리한 도구인 '원격 힐링'을 할 수 있게 해준다는 점입니다. 이것은 원격 심벌을 이용하여 원거리에 있는 힐리를 직접 대면하지 않고도 힐링해 줄 수 있는 능력입니다. 공간뿐 아니라 시간의 제약도 뛰어넘어 치유의 에너지를 보내줄 수 있답니다. 원격 치유는 기본적으로 심상화를 통해서 이루어집니다. 힐링하려는 대상을 심상화하고, 오감을 모두 열어 힐리의 상태를 느껴보기도 하고, 에너지의 흐름들을 감지하여 어느 곳이 더 좋지 않은지 찾아보기도 합니다. 힐링할 때는 근원으로부터 오는 사랑의 에너지만을 보내고자 하는 '의도'가 매우 중요합니다.

원격 힐링이 가능하게 되면 여러 모로 레이키의 활용 범위가 넓어집니다. 원격 힐링은 장소뿐 아니라 상황이나 시간에도 적용할 수 있는데요, 지금 이 순간 아픔을 겪고 있는 힐리를 치유하는 데서 더 나아가 어떠한 상황 혹은 시간대에도 힐링 에너지를 지정하여 보낼 수 있습니다. 2단계에서는 힐링의 파워가 두 배 이상 증가하고, 경험이 늘어남에 따라 에너지를 느끼는 기감도 크게 발달하게 됩니다. 심벌을 사용할 때도 더욱 강력해진 파워 덕분에 그 전 단계보다 더 쉽게 연결해서 활성화할 수 있으며 주요 차크라들의 각성이 활발해집니다.

원격 힐링 방법

힐링에 앞서 발영법을 하며 심신을 정화합니다. 힐링 바로 직전에 발영법을 하는 것은 필수 사항은 아니지만, 시간적 · 공간적 여유가 된다면 발영법을 한 뒤 힐링을 하면 더욱 도움이 됩니다.

1. 차분하게 편한 자세로 앉아 건욕을 하고 방어막을 친 뒤 레이키 에너지에 연결합니다.
2. 허공에 원격 상징을 그리고 세 번 진언(만트라)을 외며 띄워둡니다. 모든 심벌은 세 번 이상 읊조릴 때 활성화되는데, 이렇게 읊조리는 간단한 문구를 진언이라 합니다.
3. 힐링을 하려는 동물의 사진 또는 정보를 이용해 "지금부터 ○○의 힐링을 시작하겠습니다"라고 선언한 뒤 힐링 에너지를 보내줍니다. 힐링중 힐리의 몸과 마음 상태를 직관과 기감을 통해 세밀히 느껴봅니다.

4. 힐링이 충분하다 생각되면 사랑의 에너지를 선사해 준 우주의 근원을 향해 감사한 마음을 담아 인사를 올리고 힐링을 마칩니다.

위의 3번에서 떨어져 있는 힐리를 대체할 수 있는 것들에는 여러 가지가 있습니다. 힐리의 이름, 나이, 성별, 사는 곳 등의 정보가 적힌 종이나 사진을 합장한 손 사이에 끼워 넣고 에너지를 보내도 좋고, 그저 입으

원격 힐링 포지션 : 합장을 하거나 손을 마주대고 살짝 떼어놓거나, 내 앞에 힐리가 있다고 생각하고 손 모양을 하거나, 인형을 힐리로 삼아 진행하는 방법도 있다. 그림과 같은 방법 외에도 자세에 무리가 가지 않는 한 힐러가 얼마든지 손 모양을 만들어낼 수 있다.

로 "○○에 사는 ○살(나이), ○○○의 힐링을 시작하겠습니다"라고 선언해도 좋습니다. 또는 힐리를 인형이나 사물로 대체하여 손 사이에 두고 힐링 에너지를 보내줘도 좋아요. 어떤 방법을 사용하든 앞에서도 설명했듯이 '의도'가 가장 중요합니다. 원격 힐링을 할 때 손의 자세 역시 크게 구애받지 않습니다. 합장을 한 자세도 좋고, 손과 손 사이를 살짝 뗀 자세도 좋습니다.

원격 힐링 활용하기

1. 반려 동물이 한 공간에 함께 있다고 해도 손이 닿지 않는 거리에 있다면 원격 힐링이 가능합니다. 반려 동물이 힐링을 받을 때 평소 느끼지 못하던 감각을 느끼게 된다거나 갑자기 아무런 행동도 하지 않고 가만히 있는 반려인의 낯선 행동에 놀라 힐링을 거부하는 행동을 보이는 경우, 원격으로 힐링을 해주면 반려 동물이 의외로 편안히 에너지를 받아들이는 모습을 볼 수 있습니다. 트라우마가 있는 동물이 원격 힐링을 거부할 경우에는 동물을 힐링하는 대신 그 트라우마를 초래한 상황을 힐링할 수도 있습니다.

2. 중요한 면접이나 미팅을 앞두고 있다면 해당되는 미래의 시간대나 장소에 좋은 에너지를 보내줄 수 있습니다. 이때 주의할 점은 자신의 사적인 바람(에고)을 내려놓는 것입니다. 그저 좋은 에너지를 보내 레이키가 옳은 쪽으로 인도해 주기를 바라며 에너지를 보냅니다. 그렇게 하면 상황에 맞게 좋은 에너지의 영향을 본인 스스로 받게 되고 또 그로 인해 좋은 결과를 얻을 가능성도 커집니다.

3. 텔레비전 등을 통해 사건 사고 현장을 보았을 때 해당되는 장소에 사랑의 에너지를 보냅니다. 이보다 더 좋은 사랑의 나눔은 없습니다.

4. 길을 걷다가 사이렌 소리를 울리며 달리는 응급 구조차를 보면 에너지를 보내줍니다. 누구인지 병세가 치유되는 정도까지는 아니더라도 적어도 안전하게 병원까지 도착하도록, 그리고 필요한 치료를 받을 때까지 버티도록 조금이나마 도움을 줄 수 있을 거예요.

5. 멀리 떨어져 지내는 부모님, 가족, 친구의 병세에 좋은 힐링 에너지를 보내줄 수 있습니다. 힐링을 할 때는 힐리에게 허락을 받고 하는 것이 좋지만 직접 허락을 받기 어려운 상황이라면 힐리의 상위 자아에게 허락을 구합니다.

6. 미래뿐 아니라 과거의 좋지 못한 기억이나 상황으로 레이키를 보내 마음의 상처를 치유할 수 있습니다. 레이키 마스터인 페넬로페 퀘스트는 자신의 저서 《레이키 셀프 힐링》에서 지금까지 살아온 시간에 레이키를 보내 스스로를 치유하는 셀프 힐링법을 소개하기도 했습니다. 셀프 힐링을 할 때는 물론이고 다른 동물이나 사람을 힐링할 때도 아주 좋은 방법입니다.

3단계: 신비전神祕傳, Mystery Teachings

3단계 어튠먼트를 받게 되면 '마스터'라는 칭호와 함께 다른 이에게 어튠먼트를 줄 수 있는 능력을 부여받게 됩니다. 그 전까지는 힐링이 필요한 곳에 그저 에너지를 흘려보내 주는 통로로서 힐러의 역할을 해왔다면, 마스터는 오랜 시간 수련을 통해 우주와 공명共鳴해야 하며 더 고차원적 에너지를 느끼고 수용할 수 있어야 합니다.

또한 마스터는 한 차원 높은 자아, 즉 상위 자아와 대면하여 그로부터 직관적인 판단에 필요한 힘을 얻을 수 있습니다. 상위 자아란 나를 보호해 주는 어떤 수호자나 가이드가 아니라 또 다른 나, 참나(眞我)를 가리킵니다. 나의 과거와 현재와 미래를 모두 통찰하고 있는 또 다른 나라고 생각하면 이해하기가 쉬워요. 마스터가 영적인 성장에 필요한 준비를 마치면 상위 자아를 자연스럽게 대면하게 됩니다. 물론 그 전에도 상위 자아는 항상 함께 있지만, 마스터가 되면 그 모습을 보거나 설령 보지 못하더라도 그 존재를 확실히 느끼게 됩니다. 상위 자아가 보내는 메시지도 직관을 통해 더욱 명확히 식별하고 받아들이게 되고요.

나도 셀프 힐링 도중에 상위 자아를 처음으로 대면하던 날을 잊을 수가 없습니다. 나의 상위 자아는 신화에나 나올 법한 고대 그리스 여인의 모습을 하고 내 뒤에 서서 내 머리 위로 커다란 꿀단지의 꿀을 들이붓고 있었습니다. 머리 위로 쏟아져 내리던 황금빛 꿀은 바로 레이키 꿀이었답니다. 따뜻하고 달콤한 레이키 꿀의 에너지에 취해 한참 동안이나 셀프 힐링에 푹 빠져 있던 기억이 지금도 생생합니다. 그날 이후 나의 상위 자아는 내가 난관에 봉착하거나 지혜가 필요할 때 조언을 해주기도 하고 마스터로서 행하는 모든 일들에 직관력을 발휘하게 도와주기도 합니다.

또한 마스터가 된다는 것은 심신의 건강함을 상징합니다. 따라서 육체적으로나 심적으로나 항상 건강한 생활을 유지하여 언제든 도움이 필요한 이를 도울 수 있도록 힘써야 합니다. 나아가 사람과 동물의 의료적인 병증에 대해서도 공부해야 하고, 차크라를 비롯해 각종 에너지에 관련된 지식도 섭렵해야 합니다. 그러기 위해서는 끊임없이 공부하고 수련해야 하겠지요.

예전에는 마스터가 된다는 것은 평생을 헌신한다는 의미였다고 합니다. 물론 나도 그 의미에 동감합니다. 그러나 현대 사회에서는 평생 레이키 마스터로만 활동하면서 가족을 돌보거나 생계를 꾸리기가 쉽지 않은 경우가 왕왕 있기 때문에 어느 정도 융통성을 발휘하는 편입니다. 과거에는 오랜 수련을 거쳐 자격을 인정받고 평생을 헌신하겠노라 서원을 세운 사람에게만 마스터 자격을 주었다면, 오늘날에는 마스터의 의미와 역할을 이해하고 좀 더 고차원적인 에너지와의 조우를 통해 스스로의 영적 성장을 도모하며 세상과 사랑의 에너지를 나누고 싶은 사람이라면 누구나 마스터 어튜먼트를 받을 수 있습니다. 사실상 어튜먼트는 심벌을 전수하고 의미를 부여하는 정도일 뿐 '선 어튜먼트, 후 수련'이 보편화되고 있는 실정입니다.

나 역시 이 글을 쓰고 있는 현재 첫 어튜먼트를 받은 지 3년이 채 되지 않은 초보 마스터입니다. 이제 걸음마를 떼어놓는 내가 다른 사람에게 어튜먼트를 전수하고 수련을 이끌 수 있을지 두려운 마음도 많았습니다. 그러나 마음을 열고 꾸준히 수련하고 노력하면 짧은 시간에 크게 성장할 수 있음을 스스로 경험했고, 각박한 시대에 레이키에 관심을 갖고 마스터가 되어 사랑을 나누고자 하는 분들이 많이 있기에 기쁜 마음으로 매번 최선을 다해 어튜먼트를 전수하고 있습니다.

마스터 어튜먼트에서는 제4상징인 '대광명' 심벌을 전수받아 힐링 에너지의 파동이 더욱 강력해지고 확장됩니다. 자신의 본래 모습, 참 모습에 점점 더 통합이 되고 우주와의 연결도 뚜렷해지지요. 직관력이 높아져 영적인 통찰력도 강해지며, 스스로에 대한 신뢰가 높아지기 때문에 삶의 행복감도 그만큼 더 커집니다. 이런 자각이 발전하게 되면 자연히 자신의 행동에 대한 책임감이 커지고 행동 또한 신중해집니다. "큰 힘에는 큰 책임이 따른다"는 어떤 영화의 대사처럼, 마스터가 되면 할 수 있는 일도 많지만 그만큼의 책임이 따른다는 사실을 가슴으로 알고 따르게 됩니다.

마스터가 되고자 하는 분들이 명심해야 할 점이 한 가지 더 있습니다. 레이키 마스터는 결코 다른 이들보다 우위에 선 지도자나 우월한 능력을 가진 존재가 아니라는 사실입니다. 다른 여행자보다 그 길에 조금 일찍 들어섰을 뿐 마스터 역시 수많은 지구별 여행자의 한 명일 뿐입니다. 항상 자신의 수행에 대해 헌신하고 겸손하며 영적인 아량을 베풀 줄 알아야 합니다.

우스이 레이키
심벌 소개

레이키 심벌은 레이키의 힘을 강화하고 확장시켜 줍니다. 과거에는 심벌을 매우 성스럽게 여겨서 2단계 이상의 어튠먼트 전수를 받은 이들에게만 공개하며 비밀스럽게 지켜왔다고 합니다. 오늘날에는 이미 책이나 인터넷을 통해 많이 보급되어 예전만큼의 신비감은 없지만, 그래도 심벌을 다룰 때는 항상 원래의 뜻을 생각하며 경건한 마음으로 사용해야 합니다. 또한 심벌들은 어튠먼트 전수를 받지 않은 일반인들이 사용할 때는 아무런 혜택도 주어지지 않습니다.

심벌들은 고차원적인 정신 세계로 갈 수 있는 버튼과도 같습니다. 심벌을 활성화시키는 방법은 허공에 대고 손가락을 이용해 심벌을 그리거나, 손바닥에 각인된 심벌을 빛의 형태로 시각화하여 끌어낼 수 있습니다. 예컨대 제1상징인 파워 심벌을 활성화한다고 한다면, 손가락이나 빛의 형태로 한 번 그려낼 때마다 입 밖으로 혹은 속으로 "초쿠레이, 초쿠레이, 초쿠레이……" 하며 심벌의 이름을 세 번 이상 외웁니다. 이렇게 심벌을 그리고 진언을 하면 아궁이에 불을 지피듯 심벌이 활성화되어 에너지가 발현되기 시작합니다.

심벌의 모양은 처음에는 모두 한자漢字에서 파생되었습니다. 그러나 서양에 레이키가 보급되는 과정에서 한자를 낯설고 어렵게 여기는 사람들이 많아서 그것이 전해져 내려오는 동안 모양이 조금씩 생략되거나 변형되어 현재의 형태가 되었다고 합니다. 그렇다 보니 처음 레이키를 접하는 분들은 원래 한자 모양의 심벌과 변형된 모양의 심벌 중 어느 모양을 따라야 하는지 혼란스럽게 느낄 수도 있겠으나 걱정할 필요는 없습니다. 전해져 오면서 모양에 약간씩 변화가 생기긴 했지만 심벌 속에 담긴 의미와 역할은 변함이 없으니, 내가 올바르게 의미를 이해하고 올바른 의도로 사용하는지가 무엇보다 중요하다고 하겠습니다. 스스로 강력한 레이키 마스터가 되어 모든 것을 이해하고 통찰할 수 있게 되면 스스로 심벌을 만들 수도 있고 변형하여 사용할 수도 있다고 하지만, 그렇게 되기까지는 오랜 시간을 수련해야 할 것이므로 우선은 전통적으로 전해져 내려오는 심벌을 따르는 것이 바람직하리라 생각합니다.

기감이 발달한 힐러들은 어튜먼트를 받고 난 뒤 조금만 수련을 해도 진언을 외거나 심벌을 보는 것만으로도 손이 찌릿해지거나 따뜻해지는 반응을 느낄 수 있습니다. 우스이 선생은 이 상징들을 익숙하고 자유롭게 사용할 수 있게 되면 굳이 진언을 외거나 상징을 쓰지 않아도 되는 때가 온다고 했습니다. 각각의 상징이 의미하는 바가 나의 가슴속과 머릿속에 충분히 각인되면 굳이 진언을 외거나 상징을 사용하지 않아도 단지 '의도하는 것'만으로도 같은 효과를 낼 수 있다고 본 것이지요. 나 역시 꾸준히 수련하며 그 뜻을 조금씩 체험해 가고 있답니다. 그러나 처음 입문하는 분들의 경우에는 기본에 충실하게 수련하는 것이 가장 우선이겠지요?

제1상징 : 파워 심벌, Cho-Ku-Rei

'초쿠레이'라고 읽습니다. 파워 심벌은 주로 힐링의 시작과 끝에 사용하며 마치 전원을 켰다 껐다 하는 스위치와도 같은 역할을 합니다. 힐링을 시작할 때 사용하면 힐링 에너지를 활성화시켜 그 힘을 극대화해 주고, 힐링을 마무리할 때 사용하면 힐링 에너지들이 흩어지지 않고 머무르도록 잡아주는 역할을 합니다.

다른 심벌들과 함께 쓰여 다른 심벌들의 힘을 극대화시켜 주는 역할을 하기도 하는 등 여러 상징 중 가장 활용도가 높은 편입니다. 파워 심벌은 주로 힐리의 몸을 힐링할 때 쓰이지만, 어떤 물건이나 공간을 정화할 때나 좋은 에너지들을 묶어두고 싶을 때, 소중한 반려 동물 및 가족을 보호하고 싶을 때 감싸주는 의미로 이 심벌을 사용할 수 있습니다.

초쿠레이는 그 모양이 가운데로 모여드는 소용돌이의 형상을 띠고 있는데, 이는 힘의 확장과 집중을 동시에 의미한다고 합니다. 전통적인 초쿠레이의 모양은 소용돌이 방향이 반시계 방향이지만 간혹 반대 방향으

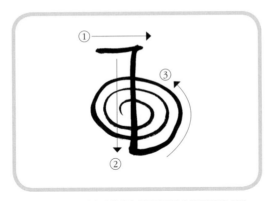

제1상징, 초쿠레이: 파워 심벌. 힐링의 전원 스위치 역할을 하며,
힐링 파워를 증대시킨다.

로 사용하는 마스터들도 있습니다. 심벌의 의미를 정확히 알고 의도적으로 사용한다면 어느 방향으로 사용해도 잘못되었다고는 할 수 없습니다. 다만 가능하면 스승으로부터 전수받은 심벌의 방향 그대로 사용할 것을 권합니다.

제2상징: 마음 · 감정 심벌, Sei-He-Ki

'세이헤키'라고 읽습니다. 이 심벌은 주로 정신적인 면을 치유할 때 사용됩니다. 살아오면서 자기도 모르게 굳어진 나쁜 습관들을 개선하고 태어날 때 부여받은 참다운 나의 모습, 우주와 하나로 연결된 나의 진면목으로 돌아갈 수 있도록 안내해 줍니다. 세이헤키는 초쿠레이보다 좀 더 높은 파동의 에너지를 일으켜서 힐링을 돕습니다. 좌뇌와 우뇌의 균형을 이루게 해주며, 억눌린 감정이나 과거의 트라우마를 해소시켜 심리적인 균형과 조화를 이루도록 도와줍니다.

제2상징, 세이헤키: 마음·감정 심벌. 부정적인 습관,
트라우마를 치유한다.

나는 경험을 통해 세이헤키가 상부의 차크라 각성에 도움이 되며 힐
리의 두려움, 화, 증오, 슬픔, 우울함 등을 해소시켜 결과적으로 몸의 병
증을 치유하는 데에도 크게 도움이 된다는 사실을 알게 되었습니다. 마
음의 상처로 힘들지만 딱히 이렇다 할 도움을 받지 못하는 동물들에게
마음·감정 심벌은 특히 큰 도움이 됩니다. 세이헤키는 마음속의 깊은
상처에까지 닿아 작용하기 때문에 이를 사용할 때는 동물을 존중하는 마
음을 가지고 조심스럽게 사용하도록 합시다.

세이헤키의 도움으로 개선할 수 있는 나쁜 습관에는 알코올 중독, 흡
연(니코틴 중독), 약물 중독 등도 포함됩니다. 옳지 못한 줄 알지만 스스로
는 개선하기 어려운 심리적인 문제에 작용하여 치유를 도와주기 때문이
지요. 하루에 예닐곱 잔씩 진한 커피를 즐기다가 이 제2상징으로 수련을
하면서 자연스럽게 커피를 하루 한두 잔으로 줄인 수련생의 경우는 일상
속의 소소한 사례 중 하나라고 하겠네요.

제3상징, 혼샤제쇼넨: 원격 심벌. 시공 초월의 효과를 발휘해 원격 힐링에
사용되며, 과거나 미래의 깨진 에너지 균형들을 맞출 수 있도록 도움을 준다.

제3상징 : 원격 심벌 , 本者是正念, Hon-Sha-Ze-Sho-Nen

'본자시정념' 또는 '혼샤제쇼넨'(일본식 발음으로는 '혼자세쇼넨')이라고 읽습니다. 우스이 선생이 가르친 것은 아니며 후대에 따로 만들어진 심벌이라고 알려져 있습니다. 이 심벌은 시간과 공간을 초월하여 멀리 효과를 발휘한다는 점이 가장 큰 특징으로, 원격 힐링을 할 때 많이 사용되고 상위 자아, 가이드와의 연결에 도움을 줍니다. 레이키는 순수한 에너지이기 때문에 시간과 장소에 구애받지 않지만, 우리가 머무르는 세계는 물리적 한계가 있기 때문에 멀리 있는 힐리와 연결할 때 원격 상징을 사용합니다.

이 상징을 사용하면 지구 반대편에 있는 힐리에게도 필요한 에너지를 전달할 수 있어 힐링을 통해 할 수 있는 보람된 일들이 크게 늘어납니다. 원격 심벌은 원하는 시간대로 에너지를 보내줄 수도 있습니다. 피하고 싶은 기억의 과거 사건이나 시간에 에너지를 보내 트라우마를 치유할 수 있지요.

원격 심벌은 또한 '연결'의 의미도 갖습니다. 어떠한 병증의 원인을 모를 때 혹은 힐리의 증상에 대해 어떻게 힐링해야 할지 알 수 없을 때 이 심벌을 사용하면 원인이 되는 그곳으로 에너지가 알아서 찾아 들어가 흐르게 됩니다.

제4상징 : 마스터 심벌, 大光明, Dai-Ko-Myo

'대광명' 또는 '다이쿄모'라고 읽습니다. 더욱 고차원의 영적 수준에 이르러 마스터가 자신의 상위 자아와 연결될 수 있도록 하는 상징으로 레이키 상징 중 가장 강력한 상징이라고 합니다. 마스터 자신의 에너지 원천이 직접 질병과 아픔을 치유해 줄 뿐 아니라 영혼의 치유까지 이루어낼 수 있도록 도와주고, 나아가 삶에 크고 긍정적인 변화까지도 이끌어내 줍니다.

이 심벌은 힐링할 때나 발영법 수련을 할 때 방어막(결계)을 치는 용도로도 사용됩니다. 방어막을 치는 것은 좋지 못한 에너지들보다 나의 에너지 파동을 더 높여 스스로를 보호하는 것이므로 가장 높은 파동의 에너지를 일으키는 이 마스터 심벌을 사용합니다.

또한 마스터 심벌은 우주의 근원과의 연결을 강화시켜 주기 때문에

제4상징, 대광명: 마스터 심벌. 마스터의 권한이 주어지며 상위
자아와 일체됨을 통해 깨달음을 얻고 강한 힐러가 될 수 있다.

힐러의 힐링 파워를 최대치로 끌어올려 주며 의식 수준을 향상시켜 주는
효과가 있습니다. 다른 심벌들과 함께 사용하면 그것들을 빛으로 감싸주
어 효과를 끌어올려 주기도 합니다.

힐링할 때 꼭!
알아둘 것들

레이키는 만병통치약이 아니에요

레이키 힐링은 깨진 에너지 균형을 맞춰 근원으로부터 오는 본래의
에너지 상태로 돌아가도록 이끌어주지만, 그렇다고 해서 늘 사람들이 바
라는 대로 결과가 이루어진다는 뜻은 아닙니다. 중병에 걸린 동물을 힐
링할 때 물론 기적적으로 병세가 호전되거나 나을 수도 있습니다. 그러
나 동물에게 주어진 삶이 거기까지라면 레이키가 그것에 관여하여 생명
을 연장시켜 주지는 못합니다. 다만 주어진 시간이 다해 떠나게 되더라
도 덜 고통스럽고 편안하게, 마음의 준비를 하고 가족들과 충분한 시간

을 나누면서 미련 없이 마무리를 할 수 있도록 도와주는 것이 레이키의 역할입니다. 이별을 준비할 시간을 벌어준다고 할 수도 있겠죠.

이는 그동안 수많은 힐링을 경험하면서 직접 체험하고 깨달은 것입니다. 레이키에 막연한 희망을 품고서 상황이 심각한 동물 친구와 함께 나를 찾아오는 반려인들이 많습니다. 레이키가 그런 동물 친구들에게 분명 도움이 되기는 하지만, 그렇다고 모든 병에 만병통치약은 아니라는 점을 다시 한 번 명확히 밝혀두고 싶습니다.

힐링을 해오면서 가장 당황스럽고 속상했던 경험 중 한 가지는 레이키 힐링으로 잠시 상태가 좋아진 것을, 다 나아 아무런 문제가 없는 상태로 착각하거나 힐링을 진통제삼아 버티는 반려인들의 태도였습니다. 병원 치료가 시급한 중병인데도 결단을 내리지 못하고 머뭇거리다가 시기를 놓쳐버리는 셈입니다.

레이키 에너지는 힐리의 자가 치유력을 최대치로 끌어올려 주는 역할을 합니다. 그래서 식음을 전폐하고 앓던 동물이 힐링을 받은 뒤 갑자기 식욕이 동하거나 기분이 좋아지는 모습, 혹은 활기차게 움직이는 모습을 종종 보입니다. 가벼운 질병이라면 나아가는 과정으로 생각해도 좋지만, 당장 병원의 진료가 필요한 아이들은 바로 병원에 가보는 것이 좋습니다.

힐러는 의사가 아니므로 결코 병을 '진단'하지 않습니다. 그러나 힐링을 하다 보면 아픈 곳의 통증을 그대로 전달받는 경우도 있고, 에너지의 흐름을 살펴 증상의 심각성을 알아내는 경우도 있습니다. 그래서 이런 경우에 예상되는 가능성을 이야기하며 병원에 가서 확인해 보라고 조심스레 권유하는 것입니다. 동물은 사람보다 병세가 빠르게 진행되는 편이므로 언제나 주의해서 관찰해야 합니다. 병원 검사 결과 문제가 없다면 헛된 수고를 했다고 아쉬워할 것이 아니라 기뻐할 일입니다.

　동물들은 병이 심해도 좀체 내색하지 않고 참는 경우가 많아서 꼼꼼하고 주의 깊은 반려인이라 해도 상황을 제때 알아차리지 못할 수 있습니다. 그룹 힐링을 하다 보면 동물이 느끼는 병세와 고통이 반려인의 말과 달리 심각하다 싶을 때를 종종 경험합니다. 이럴 때는 레이키만이 아니라 병원 진료를 병행해야 하기에 지체 없는 내원을 권유합니다. 그러나 반려인들이 레이키 힐링으로 반짝 좋아진 동물의 모습만 보고 이를 맹신하여 치료 시기를 놓치는 경우를 볼 때는 몹시 안타깝습니다.

힐링을 금하는 경우

도움을 강하게 거절하는 경우

　동물의 경우는 처음 고차원의 에너지를 접할 때 잠시 낯설어 당황할 수 있습니다. 물론 대부분은 시간이 지나면 힐링을 먼저 원하거나 자연스럽게 받아들여 주는 편입니다. 그러나 사람은 기氣나 에너지에 관련된 언급 자체에 거부감을 느끼는 사람도 있으니 먼저 허락을 구하되 강하게 거부하면 시행하지 않도록 합니다.

　동물들도 간혹 강하게 거부하는 경우가 있습니다. 이런 경우는 몸에서 필요하지 않거나 낯선 에너지에 대한 거부감으로 그럴 수 있으니 굳이 억지로 할 필요는 없습니다. 그러나 레이키는 아무 조건이 없는 사랑의 에너지입니다. 믿지 않는 사람에게도 레이키는 흐릅니다. 다만 받는 이의 의사를 존중하지 않는 것은 일방적인 강요이자 폭력이 되고 이는 레이키의 정신에 위배되기 때문에 힐리의 허락을 받는 것을 원칙으로 삼습니다.

그동안 직접 경험한 바에 비추어보면, 몸이 너무 약해 에너지가 거의 고갈된 경우나 떠날 시간이 임박한 경우에는 에너지를 받고 싶은 의지가 있어도 몸에서 에너지를 받아줄 체력이 없어 겉도는 느낌이 들 때가 있었습니다. 이럴 때는 너무 과하지 않도록 에너지 흐름을 조절하며 보내주어야 합니다. 때로는 힐링 방법을 응용해 에너지 볼을 만들어서(레이키 에너지를 동그란 빛의 형태로 시각화해서 만듭니다) 힐리의 주변에 머물게 한 뒤 필요할 때 가져다 쓰라고 말해주면 어느 정도 도움이 됩니다.

기본적으로 사람이나 동물이나 상대의 허락을 구하고 힐링을 하는 것이 원칙입니다. 다만 반드시 힐링이 필요한 상황인데도 거부감 때문에 받지 않으려고 한다면, 가까운 사이일 경우 상대의 상위 자아에게 허락을 구하고 힐링을 시도해도 나쁜 것은 아니라고 생각합니다. 의식 불명 상태 등 의사를 확인할 수 없는 경우에도 마찬가지입니다. 다만 에너지를 받는 쪽에서 거부하는 마음이 너무 크다면 아무래도 에너지가 원활히 흐르지 못하고 힐링이 헛수고가 되기도 하므로 적당히 판단하여 시행하도록 합니다.

마취 수술중

큰 수술을 앞두고 있는 동물이라면 수술 전후에 심신 안정을 위해 힐링을 해주는 것이 좋습니다. 그러나 수술중에는 레이키 에너지로 인해 마취가 깰 수도 있으니 절대로 하지 않습니다. 실제로 마취중 힐링을 했다가 마취에서 깬 사례가 보고된 적이 있습니다.

골절된 직후

실험을 거쳐 의학적으로 인정받은 레이키 힐링의 효과 중에는 혈압 안정, 지혈, 골절 회복 등이 있습니다. 특히 손상된 뼈 조직의 회복에 미치는 효과는 상당히 탁월한 것으로 여러 연구에서 보고되고 있습니다. 그러나 골절을 당했을 때 급한 마음에 바로 힐링을 해버리면 제대로 위치를 잡지 못하고 어긋난 채 뼈가 붙어버리는 수가 있으니 꼭 제대로 깁스를 시술한 뒤 힐링을 하도록 합니다. 깁스 후에 힐링을 하면 뼈가 빠르게 자리를 잡고 잘 붙도록 해주므로 더할 나위 없이 좋습니다.

화상을 입은 후

화상을 입은 힐리에게 급한 마음에 바로 손을 갖다 대고 힐링을 해주는 것은 좋지 않습니다. 레이키 에너지가 흐를 때 따뜻한 온기가 느껴지는데 그 온기로 인해 힐리가 더욱 고통스러워할 수가 있습니다. 이런 경우에도 병원에 가서 적절한 조치를 취한 뒤 힐링을 해줍니다. 이때 새살이 잘 돋아날 수 있도록 힐링을 하되 힐러의 손은 되도록 환부에 가까이 대지 않거나 원격으로 하는 것이 좋습니다.

힐링 효과를 높여주는
그룹 힐링

애니멀 레이키가 아직 대중화되지 않은 상황에서 중병에 걸린 동물들의 힐링 의뢰가 몰리다 보면 나 혼자서는 모든 동물들을 다 보살피기 어려울 때가 많습니다. 어튠먼트 전수와 본격적인 애니멀 힐링을 시작한지 얼마 되지 않았을 때, 아픈 동물들이 한꺼번에 몰려 도저히 혼자 힘으로 감당할 수 없어 시작한 것이 그룹 힐링입니다.

처음 그룹 힐링을 시작할 때만 해도 혼자 감당하기 힘든 힐링 작업을 수련생들과 나누어 함으로써 부담도 덜고 경험도 함께 쌓아가자는 의도가 컸습니다. 그러나 경험을 통해 병증이나 상황에 따라 두 명 이상의 힐러가 동시에 힐링을 하는 그룹 힐링의 효과가 크다는 사실을 알게 되었어요. 그룹 힐링은 힐리와 실제로 대면해 한 자리에서 하기도 하지만, 대면하기 어렵거나 힐러들이 서로 떨어져 있는 경우에는 각자 있는 곳에서 시작 시간을 정해놓고 원격 힐링으로 하기도 합니다.

처음 그룹 힐링을 마쳤을 때의 기쁨은 지금도 잊히지 않으리만치 강렬하게 남아 있습니다. 힐링을 마친 뒤 힐러들이 각자 느꼈던 동물의 병세와 증상, 에너지의 성질이 거의 모두 일치하는 것을 확인하고 소름이 돋았습니다. 몸은 멀리 떨어져 있었지만 정말 곁에서 함께 힐링을 한 것처럼 힐러들 각각의 에너지를 서로 느끼고 누구의 에너지인지 구분할 수 있었답니다. 물론 힐링을 받은 동물들에게도 즉각적인 효과가 나타났음은 말할 것도 없습니다.

그러나 모든 경우에 처음부터 그룹 힐링을 적용하지는 않습니다. 체력과 기력이 쇠한 나머지 힐링을 받아들일 만큼의 마음 여유가 없는 동물들은 힐링을 할 때 에너지를 조심조심 잔잔하게 흘려보내 주어야 합니다. 이런 경우 다수의 힐러가 함께 힐링 작업을 하면 오히려 동물이 힘에 부쳐하거나 동물에게 흐르고 남은 에너지가 땅이나 공기 중으로 흩어져 버리는 경우가 종종 있습니다. 물론 힐링중 남는 에너지는 하늘이나 대지가 흡수하여 정화한 뒤 재사용하라는 의도를 담아 힐링하지만, 힐리가 받아들일 수 있는 에너지가 많지 않다면 굳이 그룹 힐링을 해야 할 이유가 없습니다. 조금이라도 경험을 쌓은 힐러라면 힐리가 에너지를 어느 정도 가져가는지 그 흐름을 느낌으로 금방 파악할 수 있어요. 목마른 사람이 물을 들이키듯 에너지를 엄청나게 빨아들이는 힐리를 만나게 되면 힐러는 손이 얼얼해지거나 진동하는 듯한 느낌을 강렬하게 받게 됩니다.

그룹 힐링은 이처럼 에너지를 많이 받아들이는 동물에게 시행하면 좋습니다. 그룹 힐링의 큰 장점은 많은 에너지가 필요한 힐리에게 단시간에 효과적으로 에너지를 공급해 줄 수 있다는 점이 아닐까 합니다. 그룹 힐링은 힐링받는 동물은 물론 주변 공간의 에너지를 정화할 필요가 있을 때 2인 이상의 힐러가 역할을 나누어 진행하기도 합니다. 아픈 동물을 돌보면서 덩달아 지쳐 있는 반려인을 힐러들이 나누어 맡아서 함께 힐링하기도 하지요. 반려인의 정신적인 문제에 동물이 영향을 받아 함께 우울증을 앓는 경우에는 반려인이 치유가 되어야 동물도 치유될 수 있기에 반려인과 동물에게 함께 그룹 힐링을 진행합니다. 이런 경우 주변의 달라지는 에너지 흐름에 영향을 받아 힐링받는 주인공의 치유 효과가 더욱 높아지는 것을 자주 경험합니다.

동물들의 차크라
어튠먼트

레이키 힐러이자 마스터로 갓 활동을 시작했을 때 사람뿐 아니라 동물들에게도 어튠먼트를 줄 수 있다는 이야기를 어디선가 접했습니다. 그러나 국내에서는 그 구체적인 방법이나 효과를 공부하기 어려워 한동안 하나하나 직접 경험하며 배우게 되었지요.

동물들도 사람처럼 일곱 개의 주요 차크라가 있고, 각 차크라가 담당하는 역할도 사람의 경우와 비슷합니다. 그러니 사람과 마찬가지로 에너지 통로를 열어주고 차크라들을 각성시켜 주는 어튠먼트 역시 충분히 해줄 수 있어요. 다만 동물들은 사람처럼 두 손(두 발)을 이용해 힐링을 할 수 없기 때문에 앞발이나 뒷발에 심벌들을 각인하지는 않습니다. 그저 에너지 통로가 열리고 근원과 연결이 되어 온몸으로 레이키를 뿜어내는 힐러가 될 수 있도록 도와줄 수 있어요.

현재 나는 독자적으로 개발한 애니멀 어튠먼트와 스티브 머레이가 소개한 차크라 어튠먼트를 상황에 따라 적절히 활용하고 있습니다. 어튠먼트를 진행하고 난 뒤 동물들과 교감을 나눠보면 어튠먼트 전에 비해 좀더 영적으로 성장한 느낌을 받을 수 있습니다. 사람과 마찬가지로 필요한 변화들이 일어나거나 성격이 변하는 경우도 종종 보게 됩니다.

우리 집의 고양이 가족 중에 쥬르라는 아이가 있습니다. 더없이 온순하고 착한 심성을 가진 아이지만 엄마밖에 모르는 '엄마 바보'라서, 엄마가 자기의 어리광을 받아주지 않거나 조금 서운하게 대하면 갑자기 돌변해 애꿎은 여동생 밤비를 괴롭힙니다. 영문도 모른 채 일방적으로 괴롭힘을 당하는 밤비는 언젠가부터 신나게 놀지도 못하고 뭘 하려다가도 주눅이 들어 쥬르의 눈치부터 살피게 되었어요. 쥬르의 변덕과 심술은 날이 갈수록 심해졌습니다. 어떤 때는 닭싸움이라도 벌어진 현장처럼 밤비의 털이 뭉텅뭉텅 뽑혀 있기까지 했어요.

그런 쥬르와 밤비에게 혹시 도움이 될까 하여 어튠먼트를 진행해 보았습니다. 신기하게도 그날 이후 1~2주가량 둘은 한 번도 싸우지 않았답니다! 지금은 싸우는 일이 거의 없고, 있다 해도 한 달에 한두 번 가볍게 투닥거리는 정도에서 그칩니다. 두 아이가 사이좋게 한 집에 들어가 앉아 있는 모습을 간혹 목격하기도 하고요. 싫어하는 상대와는 절대 한 공간에 머물거나 겸상하지 않는 고양이들의 성격을 생각해 보면 놀라운 발전이지요. 밤비는 덕분에 활기를 되찾고 예전처럼 마음껏 뛰어놀게 되었습니다.

이처럼 어튠먼트는 심신에 필요한 변화를 이루어주는 것에 더하여, 동물이 힐러로서의 역할을 톡톡히 하도록 도와줍니다. 동물 친구들의 대가를 바라지 않는 무한한 사랑과 애정을 경험하다 보면 동물이 원래 힐러로서 커다란 자질을 타고났다는 말을 실감하게 되지요. 여기에 레이키 어튠먼트를 해준다면 동물 친구들은 좋은 에너지를 몸으로 뿜어내 주변을 치유하는, 강력한 힐러로서 역할을 다하게 됩니다. 실제로 어튠먼트를 받은 반려 동물과 함께 있으면 이들이 온몸으로 뿜어내는 사랑의 에너지에 많은 치유를 받을 수 있습니다. 또한 동물들 스스로도 자신이 사랑하는 가족들에게 도움이 된다는 사실을 기뻐하고 행복하게 여기는 경우를 많이 봅니다.

나는 힐링할 때 어튠먼트를 활용하기도 합니다. 힐링 에너지가 필요한 상황인데도 심리적인 요인이나 중병으로 인해 체력이 고갈되어 에너지를 받아들이지 못하는 동물들에게는 어튠먼트를 먼저 시행한 뒤 힐링을 하는 편입니다. 그렇게 에너지 통로를 열어주고 힐링을 진행하면 동물들이 그 전보다 에너지를 더 많이 받아가는 것을 느낄 수 있습니다. 동물의 어튠먼트 역시 사람의 경우와 마찬가지로 한 번 진행하면 평생 유효하며 중간에 몇 번씩 더 해주어도 무방합니다.

동물들의 차크라와
그 의미

위에 언급한 대로 동물들에게도 일곱 개의 주요 차크라가 있습니다. 차크라란 에너지가 들고 나는 통로를 말합니다. 차크라는 감정적인 요인에 영향을 많이 받는 한편으로 감정과 몸의 상태에 큰 영향을 주지요. 실제로 사람의 힐링 포지션들을 살펴보면 대부분이 차크라를 포함하고 있습니다.

레이키 에너지는 필요한 곳에 필요한 만큼 알아서 흐르지만, 각 차크라의 주요 기능과 연관 장기들을 알고 있으면 그때그때 필요한 부분만 간단하면서도 효율적으로 힐링해 줄 수 있어요. 반려 동물은 대부분 몸집이 작기 때문에 사람처럼 모든 포지션을 나눠서 힐링하는 대신 전체적으로 손을 올려놓은 채 각 차크라를 심상화하여 힐링을 하기도 하는데, 이럴 때에도 차크라의 위치와 기능을 알아두면 유용하겠지요?(앞의 '시작! 동물 친구들 힐링하기' 장에서 설명한 동물의 힐링 포지션 그림을 참조하세요.)

동물들도 영적인 성장을 이루어 더 나은 존재로 새롭게 탄생하는 과정을 겪습니다. 동물 친구들은 감정적으로나 신체적으로나 영적으로나 흔히들 생각하는 것보다 훨씬 더 사람과 흡사하답니다.

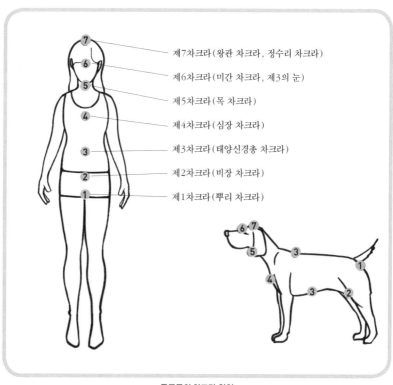

7 제7차크라(왕관 차크라, 정수리 차크라)

6 제6차크라(미간 차크라, 제3의 눈)

5 제5차크라(목 차크라)

4 제4차크라(심장 차크라)

3 제3차크라(태양신경총 차크라)

2 제2차크라(비장 차크라)

1 제1차크라(뿌리 차크라)

동물들의 차크라 위치

동물의 차크라 위치와 기능

차크라	관련 장기	감정적 영향	균형이 깨졌을 때 보이는 증상
제1차크라 Root Chakra, 뿌리 차크라 (꼬리와 몸이 만나는 시작점)	항문, 직장, 뼈와 골수, 신장, 콩팥, 근육계, 부신, 척추, 다리, 등, 발바닥, 결장, 꼬리	기본적인 생존 본능, 자존감, 활력, 존재감	폭력적이 되고 화를 내거나 변비가 생길 수 있고 생존의 위협을 느낀다. 행동 부진, 체중 감소, 배변 실수, 변비, 슬개골 탈구
제2차크라 Spleen/Sacral Chakra, 비장 차크라 (생식기 위쪽의 배)	방광, 자궁, 난소, 생식 (변식) 기관, 결장, 소장, 대장, 천골, 림프, 면역, 골반	성적인 능력, 활력, 욕구, 즐거움, 만족감	번식 장애, 질투, 반려인에 대한 집착, 소유욕, 요통, 자주 우는 모습, 요로결석, 방광염, 신장 관련 질환, 배변 실수
제3차크라 Solar Plexus Chakra, 태양신경총 차크라 (앞다리에서 조금 뒤쪽의 가슴과 명치)	위, 간, 쓸개, 췌장, 신장, 내분비계, 횡격막, 신경계	의욕, 의지, 자기 주관, 자부심, 책임감	힘을 과시하려 하거나 반대로 기가 죽고 내성적이 되기도 한다. 의욕 상실, 소화 불량, 섭식 장애, 공포심, 미움
제4차크라 Heart Chakra, 심장 차크라 (심장, 가슴뼈 중추)	심장, 폐, 기관지, 심혈관계, 면역 체계, 감기, 바이러스	슬픔, 강한 소유욕, 사교성, 무조건적인 사랑, 용서, 동정심, 그룹 의식, 평화, 관용	분노, 경직된 모습, 애정 결핍. 다른 동물이나 사람이 주변에 있는 것을 싫어하고 사교성이 낮다. 복막염, 우울증, 허피스, 칼리시, 심근비대증(HCM)
제5차크라 Throat Chakra, 목 차크라 (목의 시작 부위, 목이 긴 동물은 성대 부위)	후두, 호흡기, 경동맥, 갑상선, 앞다리, 발바닥, 구강, 성대	소통, 감정의 표현	소통 불가, 산만함, 목감기 증상, 기관지협착증
제6차크라 Third Eye Chakra, 미간 차크라 (눈보다 약간 위, 이마의 중심 부분)	대뇌피질 부분, 눈과 귀, 중뇌, 신경계, 좌뇌, 이마	직감력, 상상력, 시각화 능력, 집중력	두통, 시력 감퇴, 집중력 저하, 주의 산만, 결막염
제7차크라 Crown Chakra, 왕관 차크라 (머리 맨 위 중심, 정수리)	뇌, 피부, 자율 신경계, 부교감 신경	영감, 희망, 영성, 우주 의식	우울증, 내성적인 성격, 발작 증상

4.
레이키와
일상

생활 속에서 레이키를
자주 사용해 보자

레이키는 질병의 치유만이 아니라 일상 생활의 다양한 부분에 널리 활용할 수 있습니다. 이 세계는 에너지로 가득 차 있습니다. 지구에 존재하는 모든 생명과 사물은 물론 어떠한 상황조차도 모두 고유의 에너지를 가지고 있어요. 그 모든 것들에 우주의 근원으로부터 오는 사랑의 에너지를 보내주어 최선의 방향으로 이끌어줄 수 있답니다.

공간을 정화할 때

우리가 생활하는 공간, 특히 많은 사람들이 오가는 공간에는 사람들의 수많은 생각과 감정이 남긴 잔상들이 머물 뿐더러 때로는 떠돌아다니던 나쁜 에너지들이 들어오기도 합니다. 그렇기 때문에 자신이 머무는 공간을 수시로 정화해 주면 좋습니다. 나는 카페나 극장, 음식점에 가서도 자연스럽게 공간 정화를 하곤 합니다. 강의할 때는 말할 것도 없지요. 실제로 강의 공간을 정화하는 것만으로도 학생들로부터 머리가 맑아지거나 코가 시원한 느낌이 든다는 말을 종종 듣곤 해요.

공간을 정화하는 방법은 어렵지 않습니다. 어튠먼트를 받은 힐러라면 심벌을 이용해 정화하는 방법을 많이 사용합니다. 어튠먼트를 받지 않고 명상과 자기 정화, 5계를 수행하여 힐러가 된 경우에는 근원으로부터 사랑의 에너지를 정수리로 받아 온몸을 가득 채운 뒤 다시 온몸으로 뿜어내 공간을 가득 채우는 방법이 있습니다. 이 방법은 자신의 에너지 그릇이 어느 정도 성장해야 가능하기에 처음부터 쓰기는 쉽지 않습니다. 그러나 꾸준히 시행하면 몸을 둘러싸고 퍼져나가는 에너지가 점차 넓어지면서 처음에는 자신의 몸만 겨우 감싸는 정도였던 에너지 장場이 내가 머무는 공간까지 가득 채울 만큼 확장되는 것을 느낄 수 있을 것입니다.

나는 이와 같은 방법으로 집 안과 방 등 내가 생활하는 공간을 수시로 정화하고 있습니다. 잠자기 전에 침대 위를 정화하기도 하는데 그런 날은 나는 물론 우리 고양이들도 평소보다 더 깊이 숙면을 취한답니다. 기감이 예민한 분들은 생활하는 공간을 정화하는 것만으로도 싱그러운 자연의 향기를 느끼거나 두통이 사라지는 경험을 했다고 이야기하기도 합니다. 하루 중 머무는 시간이 많은 공간이나 자리를 집중적으로 정화하는 것도 좋습니다.

한 가지 덧붙이자면 청소와 정리 정돈도 공간 정화에 적지 않은 역할을 합니다. 어수선하고 지저분한 공간은 당연히 나쁜 에너지가 모여들기 쉽겠지요? 청소를 힘들어하는 분들은 이번 기회에 조금씩 습관을 들여 보세요. 자리에 앉거나 일어날 때마다 물건 한 가지씩 제자리를 찾아주는 '10초 청소' 습관만 들여도 주변이 확 달라집니다. 거기에 공간 정화까지 수시로 곁들여주면 여러분의 주변은 물리적으로나 에너지적으로나 늘 반짝반짝 빛날 거예요.

출처를 알 수 없는 식품들에

환경 오염으로 인한 영향은 우리가 날마다 먹고 마시는 식품들도 예외가 아닙니다. 나는 배탈이 잘 나는 편이라 음식을 먹을 때도 항상 정화를 하는 편이에요. 가공된 음료를 마실 때도 이 음료에 들어간 물이 어떤 상태인지 재료들은 온전한지 확신이 들지 않을 때는 잠시라도 힐링을 한 뒤 마십니다. 물론 뭔가를 먹을 때마다 늘 정화해 버릇하는 것이 가장 좋지만, 복잡하고 번거롭게 느껴진다면 가끔 기억날 때만이라도 시행하면 좋습니다.

두 컵에 같은 물을 따라놓고 한쪽만 힐링하여 마셔보게 하면 힐링한 물이 그렇지 않은 물보다 조금 덜 차갑다거나 미지근하다는 반응을 많이들 보입니다. 겨우 20여 초간 힐링 에너지를 불어넣어 준 것만으로도 차이를 느끼는 것이지요.

물뿐만 아니라 채소나 가공 식품, 고기 등 모든 종류의 식품에도 평소에 힐링하는 습관을 들여놓으면 좋습니다. 식품이 부패하는 시간을 어느 정도 늦출 수가 있어요. 다만 아무리 힐링 에너지라 해도 이미 진행된 부패를 되돌리거나 음식의 성분 자체를 바꾸어주지는 못합니다. 누가 봐도 상한 음식이라든지 누가 봐도 좋지 않은 성분이 들어간 음식은 힐링을 한다 해도 먹으면 안 돼요!

급체, 생리통, 두통에

힐링 에너지에 즉각적으로 반응해서 나아지는 증상 몇 가지가 체기, 생리통, 두통입니다. 많은 분이 편안해지는 것을 경험하고 신기해하는 부분이라 수련 모임 안에서는 레이키를 '레이키 레놀,' '레이키 활명수'라는 애칭으로 부르기도 해요. 습관적으로 체하는 경우든 신경성 급체를 겪는 경우든 체할 때마다 병원에 가기는 애매하지요? 그럴 때 가만히 앉아서 레이쥬나 셀프 힐링을 하면 대부분 잠시 후 꼬르륵 소리와 함께 편안해지며 소화가 됩니다.

나는 평소 생리통이 매우 심한 편이에요. 진통제를 챙겨먹어도 통증이 심한 날에는 밤새 잠을 못 이룰 정도로 끙끙대며 뒤척이는 것이 보통이었지요. 그러나 레이키 수련을 시작한 뒤로는 생리통이 심하게 와도 약을 찾는 일이 거의 없습니다. 아랫배에 손을 올려두고 셀프 힐링을 하다 보면 따뜻한 기운들이 자궁 부위를 감싸며 온몸으로 퍼져나가 언제 잠이 들었는지도 모르게 편안하게 잠이 들어요. 불면증과 생리통을 모두 잡아주는 고마운 레이키예요.

특별히 몸 어딘가에 문제가 생겨 그 징후로 나타나는 기질성 두통이 아닌 신경성 두통에도 레이키는 탁월한 효과가 있습니다. 그러나 레이키가 항상 모든 통증을 덜어주는 것은 아니고 때로는 소용이 없는 경우도 있어요. 힐링을 한 뒤에도 증상이 개선되지 않고 오랜 시간 지속된다면 꼭 병원을 찾아야 하겠습니다.

응급 구조차를 보았을 때

레이키를 수련하게 된 후로 내게 일어난 가장 큰 변화 중 하나는 어려운 상황에 처한 이들을 보면 잠깐씩이나마 에너지를 전해주거나 근원과 연결하여 빛으로 감싸주는 행동을 자연스럽게 하게 되었다는 것입니다. 그 전에는 내 주위의 사람들만 소중히 여겼을 뿐 세상의 문제에 큰 관심이 없었는데 어느새 모든 생명에 대한 사랑과 인류애가 자연스럽게 발전한 것을 스스로도 느끼게 되었습니다.

길을 가다가도 사이렌을 울리며 급하게 달려가는 구급차나 소방차를 보면 안전하게 목적지까지 인도해 줄 수 있도록 크게 심벌을 그려주는 등의 방법을 통해 근원과 연결을 해줍니다. 생명이 위급한 환자를 비록 내 의지대로 살릴 수는 없더라도 조금이라도 덜 고통스럽도록 도와주고 급하게 차를 운전하다 사고 나는 일이 없도록 안내해 주리라는 믿음이 마음에 큰 위안이 되어줍니다. 여러분도 길을 가다 응급 구조차를 보면 잠깐이라도 레이키를 보내주세요!

사건 사고 현장에

텔레비전이나 인터넷, 신문을 보다 보면 지진, 홍수, 폭설, 붕괴, 화재 등 많은 사건 사고 현장을 접하게 됩니다. 성금 모금이나 자원 봉사에 참여하여 직접적인 도움을 주는 것도 한 방법이지만, 여의치 않을 때는 봉사자들이나 피해 주민들에게 위안과 평화가 전해지기를 기원하며 힐링 에너지를 보내는 것도 좋습니다.

중요한 약속이나 미팅에

중요한 약속이나 미팅이 있을 때 미리 레이키를 보내거나 공간 정화를 해두면 도움이 됩니다. 나는 직업 특성상 회의보다는 강의를 자주 하게 되는데, 특히 사람들이 많이 모이는 강의에 앞서 미리 레이키 에너지를 보내 공간 정화를 해주는 경우가 많습니다.

살짝 고백하자면 이 책이 나오기 전 샨티출판사와의 미팅에서도 레이키 에너지를 미리 보내두고 관계자들을 만났습니다. 우리나라에 애니멀 레이키를 소개할 수 있는 기회이니만큼 가능한 한 정성을 들이고 싶었답니다. 결과가 어땠냐고요? 당연히 좋은 쪽으로 흘러 이렇게 책이 빛을 보게 되었지요!

아픈 가족들에게

심신이 불편한 가족과 함께 지낸다는 것은 직접 겪어보지 않은 사람들은 그 고통을 가늠하기 힘들 것입니다. 가족 중 한 사람만 아파도 집안 분위기는 크게 영향을 받게 되지요. 그래서 따로 힐링을 의뢰해 오거나 직접 배워서 가족들을 돌보는 사람들이 많습니다.

수련생 중 한 분은 평소 우울한 성격으로 가족들에게 예민하게 대하는 아버지를 위해 아버지의 물건에 틈날 때마다 상징을 그려드리고 아버지가 자주 머무는 공간을 정화해 주곤 했어요. 틈틈이 힐링을 해드린 것은 물론이고요. 꾸준히 계속한 결과 아버지가 웃음을 찾게 되었고 가족들과 대화도 많이 나누며 한결 밝아졌다는 소식을 전해와서 듣고 기뻐했던 기억이 납니다.

나 역시 내가 하는 일을 가족들에게 설명하고 이해받기가 쉽지 않았던 시절에 힐링의 덕을 톡톡히 보았습니다. 아랫배가 싸르르 하니 아프다는 어머니의 말씀 한마디에 일단 받아보시라 권하고 40여 분간 정성을 다해 전신 힐링을 해드렸어요. 힐링 에너지의 흐름을 살피고 마스터로서의 직관의 힘을 빌어 어머니가 불편해하는 부위를 콕콕 집어내 모두 말씀해 드렸지요. 어머니가 힐링 후 몸이 따뜻해지고 꾸르륵거리던 것도 한결 편해졌다며 일어나 앉아 내 두 손을 꼭 쥐고 "네가 하는 일을 응원하겠다"고 말씀해 주신 날은 결코 잊지 못할 것입니다.

경험담을 한 가지 더 이야기하자면 내 남자친구는 운동을 좋아하는 사람입니다. 어느 날 운동을 하러 가는 남자친구와 통화하다가 몸 컨디션이 좋지 않다는 이야기를 들었습니다. 전화를 끊은 뒤 한창 운동중일 그에게 힐링 에너지를 흘려보내 주었지요. 우측 어깨에 욱신거리는 통증이 느껴지고 힐링 에너지가 자연스럽게 그쪽으로 모여들어 어깨를 감싸는 느낌이 들었습니다. 운동이 끝난 후 다시 통화할 때 오늘 어깨 운동을 하는 날이었냐고 물었더니 어떻게 알았냐며 남자친구가 깜짝 놀랐어요. 늘 오른쪽 어깨에 통증이 있었는데 그날은 통증을 느끼지 못할 만큼 가벼웠다고 해요. 그 뒤로 그는 몸이 좋지 않으면 으레 내게 힐링을 해달라고 부탁합니다. 5분도 지나지 않아 코를 골며 곯아떨어지게 되겠지만요.

간호사, 물리치료사, 마사지사, 동물 병원 간호사들도

나에게 레이키 전수를 받으러 오는 분들은 다양한 직업에 종사하는데, 그중에는 소아 병동 간호사, 동물 병원 간호사, 물리치료사, 마사지사, 헬스 트레이너로 일하는 분들도 계세요. 아픈 사람이나 동물을 대할 때 좀 더 좋은 에너지를 보내줘 치유가 잘 되도록 돕고 싶어서나, 또는 마사지사처럼 장시간 고객들을 응대하고 에너지를 나눠야 하는 직업인 경우 에너지 소모를 줄여 피로를 덜고 오랜 시간 일할 수 있는 방법을 모색하다가 찾아온 사람들입니다.

누군가에게 에너지를 흘려보내 준다는 것은 쉬운 일이 아닙니다. 내 에너지 그릇을 그만큼 키울 수 있도록 꾸준히 수련을 해야 하고, 좋지 않은 에너지들로부터 스스로를 보호할 수 있는 보호막도 칠 줄 알아야 하며, 에너지의 통로가 되어주되 내 에너지를 소모하지 않는 수련도 병행해야 합니다. 그러나 익숙해지면 에너지를 보내는 힐러도 에너지를 받는 힐리도 레이키를 모를 때와는 비교하기 어려울 정도로 삶을 활기차고 건강하게 가꾸어갈 수 있으니 처음에 다소 어려움이 있더라도 꾸준히 수련해 가기를 권합니다.

레이키 힐링은 국내에서는 아직 다소 생소한 분야라 병원에서 직접 사용하는 경우가 많지 않습니다. 그러나 해외에서는 유수한 병원들에서 치료에 레이키 힐링을 활용하며 효과를 인정하고 있습니다. 환자는 물론 보호자도 원할 경우 언제든 레이키 힐링 프로그램에 참여하여 몸과 마음의 치유를 경험할 수 있도록 안내하는 병원이 많고, 특히 병원에서 레이키 힐링을 받으면 의료보험 혜택을 주는 미국의 도시도 있다고 합니다.

양의학과 한의학의 협진으로 시너지 효과를 거두듯, 우리나라도 적절한 치료와 함께 레이키를 대체 의학의 한 방법으로 병행하여 널리 활용하는 날이 오면 좋겠다는 바람을 가져봅니다.

외국에서는 병원뿐 아니라 에스테틱에서도 레이키 힐링을 활용해 고객들로부터 호응을 받는 곳이 많습니다. 생각해 보면 몸과 마음의 조화와 균형을 회복해 주는 사랑의 에너지만큼 좋은 미용 비법도 없겠지요?

병든 지구에게 선물하는 레이키

오늘날의 지구는 과거에 비해 많은 문제들을 안고 있습니다. 지구 온난화, 환경 오염, 생태계 파괴, 녹지 부족 등 문제가 갈수록 심각해지고 있지요. 지구가 병들면서 지구가 앓는 고통이 원인불명의 고온 현상, 지진, 쓰나미 등의 자연 재해로 나타나 지구에 살고 있는 생명들에게까지 고스란히 전해집니다. 그래서 힐러들이 전 세계적으로 힘을 모아 지구를 치유하자는 운동을 벌이기도 합니다.

레이키 아웃리치 인터내셔널Reiki Outreach International(ROI)은 전 지구적으로 레이키가 필요한 곳에 힐링 에너지를 보내는 활동을 펼치고 있습니다. 각종 자연 재해, 질병, 전쟁, 정치·사회 혼란 등 치유가 필요한 상황과 지역에 주기적으로 레이키 에너지를 보내지요. 전 세계 힐러들과 힘을 합쳐 세상의 고통을 치유하는 일에 동참하는 것도 레이키로서 할 수 있는 멋진 일 중 하나랍니다.

가족과 주위를 돌보는 것도 매우 필요하고 보람된 일이지만, 이렇게 전체를 위한 치유에 동참하면 훨씬 큰 감동을 맛볼 수 있습니다. 일부의 선택받은 이들만이 하는 일이 아니라 우리 누구나 할 수 있다는 점을 꼭 기억하세요.

유기 동물 보호소, 길 위의 아픈 동물들에게

그저 동물을 예뻐하기만 하던 시절에는 우리 주변에 유기 동물들이 얼마나 많은지 몰랐습니다. 동물들을 대하는 일을 하게 된 뒤로 나는 병든 몸으로 길거리를 헤매는 동물들, 보호소에서 하염없이 입양을 기다리는 동물들의 아픈 사연을 하루에도 몇 건씩 접합니다.

유기되어 보호소로 보내지는 동물들은 대부분 큰 고통을 겪습니다. 개인이 운영하는 몇몇 곳을 제외한 나머지 보호소들은 환경이 열악하기 이루 말할 수 없어요. 이런 곳으로 보내진 동물들은 버려졌다는 슬픔과 함께 보호소에 퍼져 있는 전염병들에 노출되어 생을 마감하는 일이 허다하고, 견뎌낸다 해도 일정 기간 안에 새 가정을 찾지 못하면 안락사를 당하게 됩니다.

나에게 레이키를 처음 전수받은 수련생 중 한 분을 통해 인연이 닿아 다른 수련생들과 함께 보호소에 있는 동물 아이들을 위해 그룹 힐링을 할 기회가 있었습니다. 더없이 고통스러운 병을 기적같이 털고 일어나 행복하게 지내다가 편안하고 홀가분하게 떠난 아이들도 있었고 입양을 가게 된 아이들도 있어서 큰 보람을 느꼈답니다.

버려졌다는 아픔과 외로움이 가슴 깊이 자리 잡고 있는 동물들에게 사랑의 에너지는 큰 위안이 될 뿐 아니라 삶에 대한 의지를 북돋아주어 질병을 이겨낼 수 있도록 도와줍니다. 마음의 상처 때문에 난폭한 행동을 보여 입양이 힘든 동물의 심리를 안정시키는 데에도 도움을 줍니다. 해외에서는 정기적인 보호소 힐링을 통해 밝은 모습을 되찾고 새로운 반려 가정을 만난 동물들의 사례가 많아요. 힘들어하는 동물 친구나 손길이 필요한 보호소가 주위에 있다면 부디 레이키를 통해 사랑을 전해주세요!

5.
치유의 여정을
함께한 동물 친구들

우울증에서
벗어난 별이

　별이를 소개받은 것은 유기묘 보호 센터에서 정성으로 봉사 활동을 하는 한 수련생을 통해서였습니다. 그가 개별적으로 교감을 하던 중 힐링이 필요하다는 판단이 들어 나에게 소개해 준 고양이였지요.

　별이는 자신을 돌보는 엄마가 유기묘들을 돌보는 '캣맘'으로 활동하느라 위급한 아이들을 우선으로 돌보고 자신한테는 소홀한 모습을 보며 상실감을 느끼고 있었어요. 그러면서 잘 먹지 않다 보니 황달이 오고 급성 지방간 판정을 받아 입원 치료를 받게 되었지요. 그러나 입원한 뒤에도 계속해서 아무것도 먹지 못하고 토하는 일이 반복되었습니다. 더 이상 먹지 않으면 황달은 물론 다른 합병증으로 생명이 위독해질 수 있어서 나중에는 코에 튜브를 삽입하여 강제로 유동식을 먹여야 했어요. 고통스러운 방법이었지만 별이가 스스로 먹고자 하는 의지가 없었기에 어쩔 수 없이 그 방법을 선택했답니다.

내가 사진을 통해 별이를 처음 만난 것은 강제 급여를 시작한 지 1주일째 되던 때였습니다. 코로 들어가서 목을 지나 위장까지 길게 연결된 튜브를 끼고 앉아 있는 별이의 얼굴은 너무나도 슬퍼 보였어요. 별이의 사진을 보는 순간, 눈을 반짝반짝 빛내며 사랑스러운 모습으로 뛰어놀아야 할 이 예쁜 아이가 왜 이렇게 초점 잃은 눈빛에 우울하고 슬픈 얼굴로 있는지 알고 싶었습니다. 그리고 어떻게든 도움을 주고 싶었어요.

생각 끝에 별이의 사연을 다른 분들에게도 알려 다 같이 힐링을 해보면 어떨까 부탁을 드렸고, 여러 힐러들이 한마음으로 나서서 별이를 힐링하기 시작했습니다.

제1일

별이가 병원에 다녀온 날입니다. 낮 3시경, 시간이 되는 힐러들이 회사, 집 등등 각자의 공간에서 동시에 원격으로 별이를 힐링하는 것으로 시작했습니다. 힐링 후 호흡이 안정적이긴 했지만 너무 오래 깊이 잠들어서 별이 엄마는 다소 걱정을 했어요. 그동안 잠을 잘 이루지 못했던 별이가 첫 힐링을 받고 그 영향으로 깊은 휴식을 취하고 있는 듯하니 걱정하지 말라고 안심시켜 드렸지요.

계속되는 병원 치료와 컨디션 난조로 심신이 지쳐 있다 보니 별이는 엄마가 돌보아주고 있을 때에도 버럭버럭 화를 내거나 반항을 하기도 했

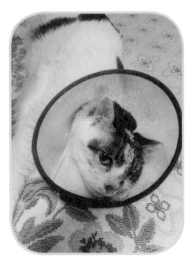

🐾 사진으로 처음 만난 별이의 모습. 강제 급식을 위해
콧속으로 연결된 튜브와 슬픈 눈빛에 마음이 아팠다.

습니다. 엄마도 튜브관 시술 후 며칠 되지 않아 튜브관을 다루는 손길이 서툴러 힘들게 한 것 때문에 별이에게 미안해했지요. 그런데 첫 힐링을 받고 난 뒤에는 별이가 화를 내지 않고 가만히 엄마의 마음을 받아주었답니다.

사진으로 별이를 처음 보았을 때 상태가 썩 좋아 보이지 않았기에 저녁에 한 번 더 힐링을 했습니다. 중병인 아이들은 하루에 두 번, 더 심한 경우에는 몇 시간 간격으로 힐링을 하기도 합니다.

저녁 힐링은 15분간 진행했습니다. 우려했던 것과 달리 별이는 힐링에너지를 굉장히 잘 받아들였습니다. 아무래도 몸에서 많은 에너지를 필요로 하는 상황이다 보니 더 많이 받아갔으리라 생각됩니다. 힐러 한 사람이 힐링중에 다른 동물 친구들의 눈이 많이 보였다고 얘기했어요. 보호자는 캣맘도 하고 동물들을 임시 보호하는 일도 열심히 하는 분이었기에 집에는 상시로 들고나는 아이들이 꽤 여럿 있다고 했습니다. 또 힐러가 별이에게서 전해오는 잇몸 통증을 느꼈는데 보호자에게 물어보니 이번에 튜브를 삽입하다가 별이의 잇몸을 건드려 살짝 상처가 난 것을 확인할 수 있었습니다. 이런 증상들은 당장 생명에 지장을 주는 것은 아니고 시간이 지나면 아물 것이라 가볍게 넘어갔습니다.

첫날 낮과 저녁에 진행한 두 번의 힐링만으로도 별이는 한결 편안해 보였어요. 다음 힐링 때는 더 좋은 소식을 듣기 기대하며 첫날 힐링을 마쳤습니다. 첫날인데도 큰 변화를 보여준 별이를 보며 별이 엄마는 평평 울었다고 해요. 별이의 아픔을 함께 걱정하며 치유를 위해 도와주는 분들이 많다는 사실에 큰 위안을 얻었다고도 했습니다. 동물의 아픔을 힐링하는 것도 중요하지만 이렇듯 반려인의 지친 마음도 함께 어루만져줄 수 있다는 것 역시 레이키 힐링이 안겨주는 큰 감동이 아닐까 싶습니다.

제2일

이 날 별이의 오전 힐링은 아침 일찍 20분간 진행했습니다. 이 시간에 힐링을 해주기로 한 힐러가 바쁜 출근 시간임에도 불구하고 다른 일 다 제쳐두고 별이의 힐링부터 먼저 해주었답니다. 이 날 아침은 별이가 웬일인지 에너지를 썩 잘 받아들여주지 않는 느낌이 들었지만, 마지막 즈음에는 손바닥이 움찔하는 감각이 느껴질 정도로 잘 받아주었다고 해요.

이 날은 저녁 힐링 때까지 시간 간격이 너무 길어 점심때에 한 번 더 힐링을 했습니다. 담당 힐러는 별이의 가슴 부분에서 화병 같은 응어리가 느껴졌고, 긴장하고 있는 듯 심장도 빠르게 뛰어 심적으로 안정되지 못한 느낌을 받았다고 했습니다. 보호자가 들려준 피드백에 따르면 별이는 튜브를 긁지 못하도록 발을 싸놓은 발싸개도 다 잡아 빼버리는 등 기분이 좋지 않은 모습을 보였다고 해요. 우리는 힐링하는 내내 계속해서 별이에게 "너는 소중한 존재야. 포기하지 말고 엄마 옆에서 오래오래 사랑받으면서 함께하자"고 말해주었습니다.

보호자는 별이 치료차 병원에 가서 별이가 힐링을 받기 전 입원했던 병실을 보고 감회가 새로웠다고 했어요. 힐링을 시작하기 전까지만 해도 상황이 너무나 절망적이었는데 별이가 첫날보다 의욕과 인내심도 생기고 화도 덜 내는 등 변화가 보이니 어찌 감사해야 할지 모르겠다면서요.

그리고 이 날 저녁 힐링까지 마치고 났을 때 놀라운 일이 생겼어요. 별이는 파양(입양되었다가 취소되는 것)의 아픔을 겪은 뒤 곁을 잘 내어주지 않는 아이였습니다. 엄마와 함께 살면서 지금껏 단 한 번도 침대에 올라온 적이 없었다고 해요. 그런데 보호자가 샤워를 마치고 나와 보니 별이가 침대에 떡 하니 올라가 앉아 있더라는 겁니다. 안아주려 해도 늘 피하고 겨우 쓰다듬는 정도밖에는 허락하지 않던 아이였는데, 이번에는 번쩍 들어 안았더니 품에서 한동안 편안히 쉬기까지 했다는 거예요. 참으로 놀랍고 감사한 변화에 별이 엄마뿐 아니라 소식을 들은 우리도 모두 눈시울을 붉혔답니다. 별이 엄마는 별이가 힐링을 받던 첫날 하루 종일 잠만 자서 조금 걱정을 했는데 이제는 치유가 일어나고 있음을 믿고 한시름 놓게 되었답니다. 이제 엄마와 신뢰도 회복했으니 자력으로 음식만 섭취할 수 있다면 별이가 괜찮아지리라는 확신이 생겼어요. 어서어서 혼자 힘으로 음식도 먹고 튜브도 빼고 건강해지자, 별아!

제3일

전날 별이는 다른 강아지들과 함께 난생처음으로 엄마 침대에 올라와 잠을 푹 잤다고 합니다. 침대에 올라가서 엄마와 함께 잠들 정도로 신뢰를 회복한 것이지요. 그 전에 비하면 하악질(고양이들이 기분이 나쁠 때 '하악' 하는 소리와 함께 방어 차원에서 위협하는 몸짓을 하는 것)을 하거나 솜방망이질(털로 덮여 있어 솜방망이 같은 손을 막 휘두르거나 때리는 행동)을 하는 등의 행동이 확연히 줄었다고 해요. 별이 엄마는 그런 모습들을 보면서 "별이가 매일매일 살아나는 느낌이에요!"라고 표현해 주었어요.

이 날의 첫 힐링은 13분간 진행되었습니다. 아직까지는 인공 급여를 거부하는 중이라 그랬는지 침을 삼킬 때의 목 넘김이 따끔하게 느껴졌어요. 약간의 두통도 느껴졌다고 힐러가 짚어냈는데, 보호자 말로는 오늘 열이 좀 있고 머리랑 귀가 뜨거워서 물수건을 대주었다고 합니다. 아무래도 더운 날씨에 건강마저 좋지 않으니 별이가 힘들 만도 했겠다 싶습니다. 엄마와 함께 있을 때 편한 기분을 느끼기는 하지만 아직은 신뢰감이 충분히 쌓이지 않은 듯해 보였기 때문에 보호자에게 찬찬히 시간을 갖고 기다려보자며 용기를 북돋아주었습니다.

그리고 이 날은 별이가 처음으로 사료에 관심을 보인 중요한 날이었어요! 킁킁 냄새를 맡고 한 입 물었다가 곧 뱉긴 했지만, 그래도 아이가 스스로 사료에 관심을 보였다는 것은 매우 희망적인 변화였기에 다들 크게 기뻐했답니다.

저녁에는 내가 별이의 감각을 느껴보고 교감을 하는 시간을 잠시 가졌어요. 튜브 때문에 아이가 먹는 것에 더 불편해한다는 느낌이 들어서 그 얘기를 전했더니 반려인은 현재로서는 약도 강제로 투여해야 하는 상황이라 튜브를 바로 제거하기 힘들다고 하더군요. 안타까웠지만 강요할 수는 없었어요.

별이는 이 날 총 세 번의 힐링을 받았습니다. 힐링 에너지는 언제나 힘차게 받아들여 주었고요.

제4일

놀라운 소식이 기다리고 있었습니다. 별이가 엄마에게 처음으로 먼저 다가와 뽀뽀를 해주었다는 거예요! 이 예쁜 아이의 마음이 점점 풀어지고 있다는 증거였지요. 약을 먹이거나 강제로 급식을 하거나 하는 여러 가지 귀찮은 조치를 받을 때는 비록 싫은 티를 내기는 했지만 전처럼 격하게 반항하거나 성질을 부리지 않고 참아주었다고 합니다. 가장 큰 목표인 스스로 식사하는 데까지는 아직 이르지 못했지만 사료에 관심을 보이고 냄새를 맡아보는 등의 행동이 조금씩 늘고 있었습니다.

이 날 힐링 때는 담당 힐러가 재치 있게도 별이의 사료에도 힐링 에너지를 보내주었어요. 수업 때는 늘 가르치면서 실전에서는 왜 진작 그 생각을 못했을까요! 별이가 스스로 사료를 먹어주길 바라는 마음으로 사료에 사랑의 에너지를 가득 담아주었고, 힐링중에도 "너는 사랑받는 아이야"라고 계속해서 말해주었답니다. 별이는 2년 만에 엄마에게 눈 키스(고양이들이 눈을 마주치고 천천히 깜빡거려 애정을 표현하는 행동)도 해주고, 앞발을 뻗어 엄마를 톡톡 건드리는 스킨십을 보이기도 했답니다. 별이 엄마는 또 감동의 눈물을 흘렸지요.

제5일

이 날은 담당 힐러들 모두가 별이의 튜브가 너무 불편해 보이고 튜브에서 이물감이 심하게 느껴진다고 말해주었어요. 별이 엄마도 튜브를 제거하는 쪽으로 의사 선생님과 상의했다고 했습니다. 그리고 드디어 별이가 아침에 스스로 물을 마셨어요! 이렇게 시작해 한 걸음씩 나아가리라는 느낌이 왔습니다.

제6일

별이는 감질나기는 하지만 정말로 한 걸음 한 걸음 좋아지고 있었습니다. 어제는 스스로 물을 제법 마시더니 오늘은 사료를 한 알 집어먹었다고 해요. 비록 한 알밖에 못 먹었지만 물은 제법 삼키고 있다고 했는데, 별이 몸의 감각을 느껴보니 튜브 때문에 많이 삼키지 못하는 것이 확실해서 다시 한 번 튜브 제거를 권했습니다. 이 날 오후에 별이는 진료차 병원을 갔다가 긴장한 탓에 한바탕 소란을 피웠어요. 그 와중에 코가 찢어져 피가 나는 등 여러 모로 힘든 상황을 겪었습니다.

튜브는 제거하되, 사흘간 지켜보고 그때에도 자력으로 먹지 않으면 다시 튜브 시술을 하기로 하고 퇴원했습니다. 집에 돌아온 별이를 안정시켜 주기 위해 바로 힐링을 시작했습니다. 보호자는 별이가 많이 지쳐 있었는지 미동도 없이 쉬고 있다고 얘기해 주었어요. 하지만 다행히도 물은 역시 스스로 잘 마셨다고 합니다.

병원에 다녀온 아이들은 스트레스를 크게 받기 때문에 그런 상황에서 억지로 약을 먹이거나 다른 무언가를 시키려 들기보다는 반나절이나 하루 정도 편히 쉬도록 해주는 것이 좋습니다. 반려인에게도 그렇게 전하고 내일의 힐링을 기약했습니다.

제7일

오후에 힐링을 진행했습니다. 튜브 없이 종일 보내는 첫날이었기에 다들 별이가 안정을 찾고 자력으로 밥을 먹어주길 바라며 힐링에 집중했어요. 그런데 힐링을 하는 동안 느껴지는 별이의 상태는 기대와는 달리 썩 좋지 못했습니다.

알고 보니 그날 집안 행사로 친척 분들이 꽤 많이 방문해 있었다고 해요. 어쩔 수 없는 상황이긴 했지만 별이는 내일까지 사흘 정도가 아주 중요한 시기였기에 안타깝고 속상한 마음이 들었습니다. 별이는 낯선 사람들의 음성에 잔뜩 긴장하고 하루 종일 침대 옆 구석진 곳에 들어가 웅크린 채 나오지 않았다고 합니다. 힐러들도 모두 맥이 빠져 안타까워했던 날이에요.

그렇지만 별이는 다행히 힐링을 받고 난 뒤 물도 한 모금 마시고 캔으로 된 간식도 자력으로 한입 먹은 뒤 다시 구석 자리로 들어갔다고 해요. 고양이는 매우 예민한 동물입니다. 특히 자신의 영역에 낯선 존재가 등장하면 큰 스트레스를 받을 수 있어요. 지금처럼 중요한 시기에 하필 집

안 행사로 편히 쉬지 못하니 속상했지만, 그 와중에도 힘을 내어 캔 간식을 한입 먹어주었으니 얼마나 고마웠는지 모릅니다. 부디 내일은 좀 더 먹어주길 바라며 이 날의 힐링을 마무리했습니다.

제8일

예정대로라면 이 날은 별이가 자력으로 음식을 섭취하지 않을 경우 다시 병원에 가서 튜브를 꺼야 하는 날이었습니다. 그러나 별이가 먹고 싶어도 낯선 손님들 때문에 맘껏 먹지 못했을 가능성이 컸기에 하루 정도만 더 지켜보자고 권했습니다. 병원에서의 스트레스가 미처 가시기도 전에 다른 스트레스를 받게 되었는데 또 병원에 간다면 아이가 감당하기 힘들 것 같아서였어요. 게다가 사료도 건드린 흔적이 있고 백숙 국물도 조금 핥는 모습을 보였다고 하니 어느 정도 희망이 있었습니다.

지금 별이에게는 다른 어떤 치료보다 마음을 안정시키고 편안히 쉴 수 있도록 해주는 것이 우선이라는 판단이 들었습니다. 감사하게도 별이 엄마는 힐러들의 조언을 믿고 따라주었고, 별이는 하루 정도 더 지켜보다가 그래도 먹지 않으면 병원에 가는 것으로 의견을 모았습니다. 하루를 묵었던 손님들이 이 날 오후 모두 돌아가자 별이도 슬금슬금 나와서 침대 위에 올라와 앉아 있었다고 합니다.

이때였어요! 침대 위에 올라와 있던 별이에게 사료를 줘봤더니 갑자기 열심히 먹기 시작했다는 거예요! 사료를 양껏 먹고 나더니 기분 좋게 기지개도 켜고 그동안 하지 않던 몸단장도 온몸 구석구석 꼼꼼히 하기 시작했다고 합니다.

고양이들은 몸이 아프고 지칠 때는 절대로 몸단장을 하지 않습니다. 기분이 좋거나 편할 때 혹은 신체적으로나 정신적으로 몸을 가꿀 여유가 있을 때 몸단장을 합니다. 이제 별이가 예쁘게 몸단장도 하고 살아보려는 의지가 생겼다는 중요한 증거였기에 별이 엄마도 우리도 다 함께 눈물을 흘렸어요.

　먹고 싶어도 처음에는 튜브 때문에 먹지 못했고, 나중에는 낯선 사람들이 두려워 먹지 못했다는 판단이 역시 맞았던 겁니다. 교감을 통해 계속해서 별이의 상태와 마음을 느낄 수 있었고, 이러한 이야기를 믿고 따라준 반려인 덕분에 아이를 살릴 수 있었습니다.

제9일

　역시 어제처럼 별이가 자력으로 사료를 먹고 있다는 소식을 듣고 힐링을 진행했습니다. 자력으로 먹기는 하지만 많은 양은 아니었고, 날이 더워서인지 살짝 기운 없이 늘어져 있는 별이가 느껴졌지만 걱정할 정도는 아니었습니다. 엄마도 별이가 그동안 계속해서 맞고 있던 간肝 주사 대신 약으로 처방을 받아오는 배려를 해주었고요. 아이가 주사를 맞으려면 병원에 다시 가야 하는데 그러면 또 스트레스를 받을 수 있으니까요. 내일은 사료를 좀 더 많이 먹어주기를 바라면서 9일째의 힐링을 마무리했습니다.

제10일

　아침부터 즐거운 소식을 전해 들었습니다. 별이가 사료도 양껏 먹고 변도 건강하게 보았다는 거예요. 이제는 정말로 정상에 가깝게 회복되어 가고 있는 듯합니다.

몸의 기력을 찾으니 기분도 더욱 좋아지는지 강아지들 곁에 가서 누워 자기도 하고, 엄마 발에 얼굴을 부비며 애교도 부려준다고 합니다. 이런 모습이 얼마나 사랑스럽고 뿌듯할까요? 동물을 자식처럼 반려하는 이들 중에는 이러한 감정을 이해하지 못하는 지인들에게 하소연하거나 자랑할 곳이 없어 더 마음이 아프다고 말하는 사람이 많습니다. 그러나 동물들의 힐링에 참여해 피드백을 주고받다 보면 맘껏 슬퍼할 수 있고 팔불출 같은 모습도 맘껏 보일 수 있지요. 그래서 동물뿐 아니라 그 반려인들까지 온 가족이 마음의 위로와 힐링을 받는 모습을 종종 봅니다. 물론 아픈 아이가 건강해지는 모습을 보는 것만으로도 반려인은 충분히 힐링이 되고도 남겠지만요.

제11일

별이는 이제 슬슬 장난도 치기 시작합니다. 휴지도 물어뜯어 놓고 스크래처(고양이들의 발톱을 갈 수 있도록 만든 가구나 장난감)도 열심히 긁고 구석구석 몸단장도 하느라 하루를 바쁘게 보낸다고 합니다. 내일은 어쩔 수 없이 주사를 맞으러 가야 하는 날이라 별이에게 너무 걱정하지 말라고 미리 말을 전해주면서 힐링을 마쳤습니다.

제12일

병원에 다녀온 보호자가 별이의 상황을 들려주었습니다. 역시나 병원에서 발버둥을 치다가 또 피가 나기는 했지만, 그래도 병원으로 이동하기 위해 이동장에 넣는 데 1분도 걸리지 않았다고 해요. 전에는 적어도 30분 이상 실랑이를 벌여야 했다는데 1분도 걸리지 않았다는 것은 아이의 협조가 없이는 힘든 일입니다. 별이는 어제 힐링중 담당 힐러가 "이제 행복하게 오래오래 살자. 너는 엄마한테 정말 소중한 존재야"라고 전달한 말을 잘 알아들었나 봅니다. 보호자는 직접 보고도 믿기지 않을 만큼 행복했다고 합니다.

병원에 다녀와 골이 나 있는 별이를 13분간 힐링해 주었습니다. 이제는 별이 혼자서도 충분히 이겨낼 수 있는 상황이 되었다고 판단되었기에 내일 마지막 힐링을 기약하며 인사를 나누었습니다.

제13일

별이와 울고 웃으며 정을 나눈 지 2주가 흘렀습니다. 이 날은 엄마가 다른 고양이들을 돌보느라 외출했다가 돌아왔는데도 토라지지 않고 반갑게 맞아주었다고 합니다. 집을 비운 사이 사료도 혼자 잘 먹었고, 어젯밤에는 밤새 쓰다듬는 엄마의 손길을 받으며 엄마 옆에서 잠이 들었대요. 새벽에는 혼자 장난감을 찾아 드리블을 하며 노는 소리에 엄마가 잠이 깼다고 했습니다. 장난감을 스스로 가지고 노는 모습을 한 달 만에 보는 순간 '우리 별이 이젠 정말 살았구나!'라고 확신하게 되었다고 해요.

이 모든 변화가 참으로 신기하고 감사했습니다. 앞으로 별이가 나날이 더 건강하고 행복해지기를 기도하며 아쉬운 마음을 뒤로하고 긴 힐링을 마무리했습니다.

🐾 건강하고 밝은 모습을 되찾은 별이

　별이는 예전의 밝은 모습으로 다시 돌아왔다는 연락을 받았습니다. 잘 먹고 잘 지내면서 살도 많이 올라 예전의 튼튼한 모습을 되찾았다고 해요. 아침에 일어나면 엄마에게 고개를 부비면서 인사해 주고, 밥도 먹고 물도 마시고 신나게 우다다~ 뛰어다니며 하루를 시작한다고 합니다. 예전처럼 자신감도 찾아 다른 아이들에게 하악질도 해가면서 밝게 지내고 있다고 안부와 사진을 전해왔습니다.

빛을 따라
집을 찾아온 레이

해마다 더운 계절이 되면 실종 동물들의 소식을 많이 접하게 됩니다. 아무래도 문단속이 소홀해지기도 하고 추운 겨울이 지나 날이 풀리면 특히 고양이 같은 경우 콧바람을 쐬고 싶어 일상 탈출을 시도하는 경우가 많습니다. 고양이들은 워낙 경계심도 강하고 조심성이 많아 호기심에 탈출을 감행했더라도 막상 밖에 나가면 깊은 곳, 안전한 곳을 찾아 웅크리고 숨기 바쁩니다. 그래서 한번 잃어버리면 찾기가 무척 힘들어지지요.

레이는 한 살 된 수고양이였습니다. 문이 제대로 닫히지 않은 틈을 타서 집을 나가버렸어요. 반려인은 보름여를 애타게 찾아다니다가 교감과 함께 힐링 의뢰를 해왔습니다. 실종 동물과의 교감 같은 경우 정확도가 조금이라도 떨어지면 반려인들을 '희망 고문'하는 수가 있기 때문에, 나는 실종 상태인 아이들에 대한 유료 상담을 하지는 않습니다. 내가 마음이 동하는 아이에 한해서 간혹 무료 상담을 해드리기는 하지만 그런 경우도 많지는 않습니다. 그런 이야기를 죽 설명해 드렸더니 레이의 반려인은 밖에서 레이가 긴장해 있을 테고 어딘가 다쳤을지도 모르니 교감까지는 아니더라도 좋은 에너지라도 전해주고 싶다고 했습니다. 그렇게 해서 레이의 힐링이 시작되었습니다.

6일간 하루 한 차례씩 레이의 힐링을 진행하면서 힐링중에 느껴지는 아이의 주변 상황과 몸 상태를 그때그때 알려드렸습니다. 아이는 그리 지친 느낌은 아니었으나 마침 장마가 시작되어 한 곳에 웅크리고 거의 움직이지 않는 것처럼 느껴졌습니다. 다리 쪽으로 가벼운 근육통이 느껴지기도 했지만 크게 다친 느낌은 아니었고, 집으로 돌아가고 싶지만 방향을 알지 못해 당황해하고 있는 것 같았어요. 분명 집에서 멀지 않은 곳인 듯한데 찾아갈 수가 없으니 매우 안타까운 상황이었지요.

그래서 한 가지 생각한 방법이 "빛이 너를 집까지 안내해 줄 거야. 빛이 보이면 따라가렴"이라고 레이에게 말해주고 빛이 레이를 집으로 인도해 주기를 기원하는 마음을 담아 에너지를 보내주는 것이었습니다. 지친 아이를 어루만져주면서 6일간의 힐링은 끝이 났지만 레이는 집에 돌아오지 않았습니다. 이런 경우 아이가 집으로 돌아오는 기적이 일어나야 힐링의 효과를 눈으로 확인할 수 있는데, 레이를 직접 보지 못한 상황에서는 반려인도 딱히 감동을 받지 못하는 것 같았습니다. 한 달 가까이 아이를 찾아다니느라 워낙 지치고 경황이 없기도 했겠지요.

그렇게 시간이 흘렀습니다. 그러던 중 반려인으로부터 레이가 집을 나간 지 한 달이 넘은 어느 날 참으로 신기하게도 집 앞에 아무렇지도 않게 앉아 있더라는 소식을 듣게 되었습니다. 반려인은 레이가 어디서 무엇을 했고 어떻게 집을 찾아올 수 있었는지 궁금하다며 레이와의 교감을 부탁해 왔어요.

나에게 애니멀 커뮤니케이션 수련을 받는 한 사람이 레이와 교감 대화를 맡았습니다. 그는 당시 레이키도 막 배우기 시작한 단계였는데 아직은 애니멀 커뮤니케이션 수련에 더 집중하고 있었어요. 그는 앞서 우리가 진행한 레이와의 힐링 내용은 물론 레이가 힐링을 받은 적이 있었다는 사실조차 전혀 모르는 상태였습니다.

그런데 나는 그가 레이와 대화한 내용을 읽고 놀라서 그만 소름이 끼칠 정도였습니다. 레이에게 어떻게 집을 찾아왔느냐고 물었더니, 둥근 달을 기운 없이 올려다보다가 고개를 떨구었는데 갑자기 길바닥에 반짝반짝 가느다란 선이 보였다는 거예요. 길을 따라 어디론가 이어지는 선을 킁킁거리며 따라가다 보니 어디선가 빛을 뿜으며 반짝이는 작은 나비 한 마리가 눈앞에 나타났다고 합니다. 그래서 그 나비를 정신없이 좇다 보니 어느새 집 앞에 다다랐대요. 그러면서 레이가 참으로 신비스러운 광경을 이미지로 보여주었다고 그가 적어놓은 것이었습니다. 레이가 집까지 다다를 수 있도록 도와준 반짝이는 선과 나비는 과연 무엇이었을까요? 힐링을 한 우리는 빛의 레이키가 레이를 인도해 준 것이라고 믿습니다.

그 상황을 전혀 모르던 이에게 이런 뜻밖의 이야기를 전해 듣게 되니 신비하고 감사한 마음에 종일 들떠 지낸 기억이 납니다. 앞으로 좀 더 많은 경험과 연구가 필요하겠지만, 레이키가 실종된 아이들의 지치고 두려운 마음을 위로해 주고 어쩌면 집으로 돌아올 수 있도록 도와줄 수도 있으리라는 생각을 하면 가슴이 벅차옵니다.

천하무적
범블비

　범비(범블비의 애칭)를 처음 만난 건 2012년, 내가 애니멀 커뮤니케이터로 활동을 시작한 지 얼마 안 되던 때였습니다. 교감 의뢰 내용을 보고 아이의 상태가 그다지 좋지 않으리라는 생각이 들었지만, 몹시 밝은 반려인의 모습과 어딘가 엉뚱해 보이는 아이의 모습이 인상 깊어 서둘러 대화를 시작했던 기억이 생생합니다.

　범비는 내가 평생토록 잊지 못할 동물 친구 중 하나입니다. 범비는 길에서 태어나 생후 몇 개월이 되었을 때 지금 함께 있는 '엄마' 손에 구조되었고, 가끔씩 외출도 하며 자유로운 생활을 즐기는 아이였습니다. 나이가 벌써 여섯 살이 되었으니 아이라는 표현이 다소 어색할지도 모르겠네요. 어느 날 외출을 했다가 나흘 만에 피투성이 상태로 돌아왔다고 해요. 다리뼈와 위턱뼈가 부러지고 한쪽 눈의 시력을 잃어 생명이 위태로운 상태였습니다.(나중에 범비와 교감을 하면서 오토바이 사고를 당했다는 사실을 알게 되었습니다.) 그렇게 크게 다친 뒤로 잔병치레가 잦아져 걱정이 되기도 하고 엄마와 함께 지내는 생활이 만족스러운지 궁금하기도 해서 대화를 의뢰해 온 것이지요.

우선 내가 느낀 범비의 몸 상태는 썩 좋지 않았습니다. 신경계 쪽을 다친 것 같았고, 턱은 아귀가 안 맞아 음식을 먹기 불편한 듯 느껴졌습니다. 한쪽 눈이 보이지 않는 탓에 늘 두통이 있는데다, 다리가 점점 굳어가는 느낌이 들고, 그래서인지 행동이 자유롭지 못한 상태였습니다. 자기 의지와 다르게 몸이 움직인다고나 할까요? 그러나 그런 상황임에도 범비의 모습이 아주 밝아서 깜짝 놀랐습니다. 더없이 밝고 충동적이고 모험심이 강한 아이였어요. 자기 상황에 굴하지 않는 모습이어서 대화를 나누는 내내 몸이 불편하다는 점이 전혀 신경 쓰이지 않을 정도였어요. 자신의 상황에 금방 적응하고 나이가 적지 않음에도 어린아이같이 해맑아서 한편으로는 이 아이가 고양이 자폐증이 있는 게 아닐까 하는 생각도 잠시 들었습니다.

사람도 자폐증이 있는 경우에 자기만의 세계에 빠져 지내고 발달 장애가 따르기도 하지만, 한편으로는 한없이 해맑은 모습을 보이기도 하지요. 범비도 자기만의 세상에서 마냥 해맑게 살고 있는 아이였어요. 교감 대화 이후 범비 엄마와는 가끔씩 연락을 주고받는 사이가 되었습니다. 1년여쯤 뒤 범비를 위해 힐링을 해주고 싶다고 의뢰를 해와서 힐링을 시작하게 되었습니다.

1년여 만에 만난 범비는 많이 의젓하고 차분해진 모습이었습니다. 상악 골절은 뼈가 다 붙었고 앞다리는 골절된 부위에 와이어 시술을 받아 가끔 틱 증상처럼 다리를 움찔거리는 것과 치아 상태가 좋지 않은 것 외엔 특별한 병치레 없이 잘 지내는 편이라고 했어요. 다리 떠는 것 때문에 병원에 다녀왔지만 딱히 특별한 진단이나 치료는 받지 않고 소염제와 진통제만 처방받은 상태였어요.

제1일

이 날은 오전과 늦은 밤에 각각 힐링을 했습니다. 범비는 편하게 잠들어 있다가도 힐링을 시작할 때면 일어나 엄청난 그루밍(고양이들의 몸단장)을 하는 것으로 자신이 힐링 에너지를 받고 있음을 엄마에게 알려주었습니다. 대부분의 보호자들이 아이들의 이런 행동을 보고 멀리서도 힐링의 시작과 끝을 알게 된답니다.

아무래도 다리가 좋지 않다 보니 그쪽으로 에너지가 많이 흘렀고, 범비의 몸이 전체적으로 부어 있는 느낌이 들어 몸을 가볍게 주무르며 마사지를 해주라고 보호자에게 권했습니다. 평소에도 범비는 마사지 받는 것을 좋아한다고 합니다.

한 가지 재미있었던 점은 이 날 오전에 힐링을 맡았던 힐러가 느낀 범비의 성격이 1년여 전 내가 느꼈던 것과 흡사하다는 것이었습니다. 뭔가 엉뚱하기도 하고, 어떤 말을 하다가 난데없이 다른 이야기를 꺼내기도 하고, 능청맞은 모습을 보이다가 말끝을 흐리며 외면하기도 하는 등 좀 산만하다는 것이었어요. 그런 이야기를 들려주자 반려인도 크게 공감하면서, 평소에도 범비가 혼자 웅얼거리는 모습을 많이 보인다고 했습니다. 힐링하는 내내 실제로 대화를 나누는 것처럼 허공을 쳐다보며 꼬리를 살랑거리기도 했다는 범비의 행동에 힐러들은 모두 엄마 같은 미소를 지었답니다. 아, 어쩌면 이렇게 사랑스러울까요?

밤 힐링에 대해서는 보호자가 아래와 같은 메모로 피드백을 해주었습니다.

- 10시 10분: 힐링 시작. 폭풍 꾹꾹이(어미젖을 먹을 때 앞발로 꾹꾹 눌러서 짜던 습관이 남은 행동. 커서도 기분이 좋거나 편하면 꾹꾹이를 한다)와 골골송(고양이들이 목에서 가르랑거리는 소리를 내는 것)의 시작. 뒷다리를 움찔거림.
- 10시 11분: 꾹꾹이에 심취하고, 오른쪽 뒷다리를 심하게 움직임.
- 10시 15분: 꾹꾹이를 멈추고 오른쪽 앞발을 계속 핥기 시작함.(오른쪽 앞다리는 아파서 많이 부어 있는 상태.)
- 10시 16분: 계속 오른쪽 앞다리 전체를 열심히 핥음.
- 10시 18분~24분: 배 쪽, 다리 쪽, 항문 등 온몸을 핥은 뒤 기분 좋게 기지개를 펴고 배 뒤집고 누워 꼬리를 살랑이며 휴식함. 매우 편해 보임.
- 10시 28분: 주변에서 들리는 소음에도 신경 쓰지 않고 계속해서 편하게 쉬고 있음.

범비는 다른 아이들에 비해서도 에너지를 엄청나게 잘 받아주는 아이였습니다. 그리고 그렇게 에너지를 받는 동안 마치 스파라도 즐기듯이 몸단장을 하며 편하게 휴식을 취하는 모습을 보여주었어요. 온몸의 혈액 순환이 잘 안 되는 느낌이라 첫날의 힐링은 에너지 통로를 열어주는 어튠먼트를 먼저 진행하고 힐링했습니다. 태평하고 씩씩한 범비의 모습에 힐러들도 함께 힐링받는 즐거운 시간이었지요.

이 날 힐링 후 아이의 다리 부기가 눈에 띄게 가라앉았다고 합니다. 범비 엄마는 정말 신기하다고 했지요.

제2일

이 날 담당 힐러는 범비가 좀 수다스럽다는 인상을 받았다고 해요. 그래서 보호자에게 물으니 안 그래도 같은 질문을 하려던 참이라는 겁니다. 원래는 그리 수다스럽지 않은데 어제 힐링 이후로 웅얼거리며 수다를 떠는 듯한 행동이 엄청 늘었다는 거예요. 평소와 다르게 의사 표현도 확실하고 울음소리에도 애교가 넘치는 등 하루 만에 아주 예쁘게 달라졌다고 했어요. 생기가 넘치고 얼굴도 더 잘생겨졌다고 자랑도 하면서요.

동물들에게도 표정근이 있습니다. 그래서 생각하는 것이나 마음 상태가 표정으로 드러나지요. 힐링을 받은 아이들은 얼굴에 화색이 돌고 표정이며 눈빛이 생기발랄해집니다. 조금만 관찰력이 좋은 보호자라면 금방 알아채지요. 밝은 변화들이 일어나고 있어서 다행입니다.

제3~4일

범비의 다리 부기는 거의 정상에 가깝게 빠졌습니다. 그동안 불편한 뒷다리는 앉을 때나 설 때나 지면에 닿질 않았는데 지금은 앉을 때도 뒷다리를 땅에 내려놓고 편안히 앉는다는 말을 전해 들었습니다. 담당 힐러도 범비가 통증이 거의 없고 상태가 좋아진 듯 느껴진다고 했고요. 보호자는 사료나 물의 섭취량도 전에 비해 눈에 띄게 늘었고, 그에 따라 배변 상태도 크게 개선되었다고 좋아했습니다.

제5일

　이 날은 범비의 다리가 다시 붓고, 컨디션이 좋지 않은지 목소리도 다시 가라앉았다는 연락을 받았습니다. 모습도 평소와는 조금 달리 가라앉은 모습이어서 모두들 걱정을 했어요.

　이 날은 힐링을 오전, 오후로 나눠서 진행했습니다. 힐러가 느낀 범비의 상태 역시 많이 경직되고 기운이 순환되지 않는 느낌이었습니다. 그런데다가 두통까지 있어 보호자에게 마사지를 계속 해달라고 권했습니다. 힐링중에는 범비가 뒷모습만 보여주며 조용했다고 합니다. 내일은 부디 호전되기를……

제6일

　이 날 범비는 부기가 많이 가라앉았고 평상시처럼 산만한 모습을 보여주었어요. 워낙 극과 극을 달리면서 예상치 못한 행동을 하는 아이라 범비 엄마도 항상 엉뚱하다고 했는데 오늘은 그런 모습을 다시 볼 수 있었어요.

　이 날 담당 힐러가 느낀 범비의 증상은 치아에 관련된 부분이 많았습니다. 마침 보호자가 치아 관련 지식과 경험이 풍부한 분이었기에 집에서 사용할 수 있는 치약과 잇몸 약 등을 알려주고 힐링을 마쳤습니다.

제7일

범비는 다시 컨디션을 되찾았습니다. 부기도 가라앉았고 다리도 거의 절지 않는다고 합니다. 아빠를 따라 졸졸 따라다니면서 야옹 소리를 내며 노래를 하는 등 기분도 좋았대요. 이 날도 범비는 레이키 에너지를 쭉쭉 빨아들여 주었습니다. 범비 엄마는 어제와 확연하게 달라진 아이 모습을 보고 하루하루 변화가 아주 크니 신기하기도 하고 당황스럽기도 하다고 했습니다.

오늘 상태는 몹시 좋았지만, 그저께 갑자기 부기가 생긴 것은 어떤 이유에서였는지 정확히 알 수 없어 아주 안심이 되진 않았습니다. 혹시라도 와이어 수술 부작용이 생겼을지도 모르니 다시 부으면 병원에 가서 상담할 것을 권했습니다. 이 날은 다시 컨디션이 좋아진 범비 덕분에 시종일관 화기애애한 분위기 속에서 힐링을 마치고 내일을 기약했습니다.

제8~9일

범비는 원래 자기만의 세계에 빠져 지내고 원하는 대로만 행동하는 아이여서 시크해 보이기까지 했는데, 요즘은 컨디션을 찾고 기분도 좋아지면서 애교장이가 되었다고 보호자가 좋아했습니다. 콧노래도 흥얼거리며 종일 집안에 골골송이 끊이지 않는다고요. 범비의 몸속에서 느껴지는 증상들은 첫날과 거의 비슷했지만 좀 더 이완되고 흐름이 원활해지는 느낌이었습니다. 행동과 기분은 눈에 띄게 큰 변화들이 계속되고 있었습

쾌활한 성격으로 힐링 기간 내내 인기
만점이었던 천하무적 슈퍼캣, 범블비

니다. 예전에 범비와 교감을 나누었을 때 들었던 범비의 말이 생각나서
웃음이 났어요.

"이거 왜 이래~ 나 아직 죽지 않았어!!"

제11일

마지막 날의 힐링은 범비의 행복하고 씩씩한 골골송과 함께 마무리
되었습니다. 컨디션은 회복된 정도가 아니라 활기가 넘쳐 아빠와 신나게
논 뒤에도 계속해서 만져달라며 애정 표현을 아끼지 않는다고 해요. 좋
지 않은 상황에도 굴하는 법이 없는 아이의 슈퍼맨 같은 기질과 활력 덕
분에 힐링하는 우리도 크게 힐링받았던 소중한 시간이었습니다. 천하무
적 범비, 사랑해.

별이 된 오빠의 자리가
너무 커요, 베르

요크셔테리어 짜르와 베르 남매는 반려인의 교감 신청을 통해서 만나
게 되었습니다. 짜르는 당시 갑작스러운 사고로 무지개다리를 건너 사후
교감을 하게 되었어요. 그런데 교감 중 나는 짜르보다도 남아 있는 베르
의 모습에 너무 마음이 아팠답니다. 베르는 오빠인 짜르가 사고당한 모
습을 가장 먼저 발견한 까닭에 그 충격이 컸고, 평소 존재감이 아주 컸던
오빠가 사라져서 커다란 상실감을 느끼고 있었어요. 우울감도 심하고 에
너지가 가라앉아 있어 마치 중병에 걸린 아이처럼 얼굴에서 빛이 사라진
모습이었답니다. 식욕도 잃은 상태여서 일일이 손으로 달래며 먹여줘야
하는 상황이었어요.

짜르를 잃고 슬퍼하던 가족들은 베르마저 잃게 될까 걱정이 되어 나에게 교감을 의뢰해 왔습니다. 베르와 교감해 본 결과 무엇보다 마음을 치유하는 것이 급선무일 것 같아 힐링을 권했어요. 그렇게 베르의 힐링이 시작되었습니다.

제1일

이 날은 두 명의 힐러가 베르를 힐링하고 가족들의 슬픔도 함께 어루만져주었습니다. 힐링은 주로 마음을 치유해 주는 상징인 세이헤키를 이용해 13분간 진행했어요.

힐러들이 교감해 보니 베르는 깊이 잠들어 본 지가 언제인지 기억이 나지 않을 정도로 잠깐씩 선잠에 들었다 깨곤 하는 것으로 느껴졌답니다. 그래서인지 힐링중 아이의 머리가 너무 무겁고 띵하게 느껴졌다고 해요. 반려인의 말로는 잠자다가도 계속 한숨을 내쉰다고 해요. 느껴보니 베르의 가슴은 묵직하고 답답했어요. 화병 증세가 있는 사람들을 힐링할 때 느껴지는 것과 비슷했습니다. 가슴이 답답하니 자주 한숨을 쉴 수밖에 없었겠지요.

베르가 마음에 느끼는 부담도 커 보였습니다. 자기도 언제 짜르 오빠처럼 사고를 당할지 모른다는 두려움과 오빠의 빈자리에 대한 허전함, 거기에 자신이 그 자리를 채워야 한다는 부담감까지 느끼고 있었어요. 베르에게 "베르는 참 예쁘고 소중한 아이야. 가족들은 네 존재만으로도 행복해한단다. 다들 베르가 건강하고 행복해지기만을 바라. 그러니 아무 부담도 느끼지 않아도 된단다"라고 계속 말해주었습니다.

베르는 눈으로 감정 표현을 잘하는 아이예요. 교감 당시에는 눈에 슬픔이 가득하고 눈물도 자주 흘리는 모습이었지요. 그런데 힐링을 하는 동안 베르는 등을 돌린 채로 웅크리고 앉아서 얼굴을 보여주지 않았어요. 물어보니 이는 베르가 가족들에게도 종종 보이는 모습이라고 했어요. 베르의 상태가 그리 좋지 않은데다 낯설어서인지 레이키 에너지를 많이 받아들여 주는 느낌은 아니었지만 아쉬운 대로 다음날을 기약하며 첫 힐링을 마쳤습니다.

힐링 뒤 베르가 갑자기 배를 내보이며 벌러덩 누워 편안히 잠들었다는 반려인의 피드백을 받고, 힐링 후 이완이 되면서 일어날 수 있는 변화들에 대해 설명을 해주었습니다.

🐾 첫 힐링을 하던 당시 우울한 모습의 베르

제2일

어제 첫 힐링에서 베르가 힐링 에너지를 많이 받아가지 않았기에 이 날은 어튠먼트를 먼저 진행하고 힐링을 시작했습니다.

반려인은 베르가 전날 힐링 후 잠도 푹 자고 장난을 치는 등 활기가 늘었다고 전해주었어요. 다만 아직까지 사료를 많이 남긴다고 걱정을 했습니다.

오늘도 역시 힐링중 가장 크게 느껴진 것은 두통과 화병 혹은 소화불량 같은 가슴 답답함이었습니다. 가슴이 답답하다 보니 자꾸 한숨을 쉬듯 베르의 입이 벌어져, 힐러 역시 힐링하는 동안 계속 한숨을 쉬어야 했답니다. 또 한쪽 어금니가 약간 시린 느낌이 들어 반려인에게 확인을 부탁했어요. 이를 들여다보려고 하면 도망가 버리기 때문에 나중에 놀아주면서 확인하겠다고 했습니다.

오늘도 마찬가지로 베르는 힐링이 끝나자 곧장 잠의 세계로 빠져들었어요. 그동안 온몸이 긴장하여 숙면을 취하지 못했으니 얼마나 잠이 쏟아질까 상상이 됩니다. 좀 더 활기찬 베르의 모습을 기대하면서 힐링을 마무리했습니다.

제3일

즐거운 소식을 기다리며 힐링 사흘째의 문을 두드렸습니다. 하지만 힐링 전 베르의 상태를 물어보니 반려인은 베르가 오늘 좀 무기력해 보인다고 했어요. 날이 너무 더워서인지 기운이 없어 보여 목욕도 시켜주고 에어컨도 틀어주었다고 했습니다.

힐링을 하면서 이런 작은 기복들은 얼마든지 있을 수 있습니다. 내면에서는 밝은 기운이 돌더라도 날씨 탓에 처지거나 단순히 졸려서 늘어지는 경우도 많아요. 그러니 힐러들은 이런 기복에 휘둘리지 않고 늘 차분히 힐링에 임하는 것이 좋아요.

이 날 힐링은 16분 동안 진행되었어요. 베르는 힐링이 끝남과 동시에 주위를 잠시 두리번거리다가 다시 꿀 같은 잠에 빠져들었다고 합니다. 이 날 베르에게서는 약간의 두통과 전반적으로 처져 있는 기분이 느껴졌어요.

힐링중 베르가 힐러의 품으로 파고들어 어리광을 부리는 모습을 보여주었다고 합니다. 반려인에게 그 이야기를 전하니 전에는 베르가 품 안에 안겨 있는 것을 무척 좋아했다는 얘기를 전해주었습니다.

제4일

이 날은 베르가 그동안 부리지 않던 응석을 다시 부리기 시작해서 반려인이 일부러 더 안아주고 챙겨주었다고 합니다. 조금씩 밝은 모습을 찾아가는 베르의 모습에 힐러들도 뿌듯하고 힘이 솟습니다. 베르는 힐링받는 내내 자고 있었다고 해요. 베르의 기분에 영향받지 말고 항상 밝은 모습으로 아이를 사랑해 달라고 반려인에게 부탁하고 힐링을 마쳤습니다.

제5일

베르의 마지막 힐링은 17분간 진행되었습니다. 이 날 베르는 먼저 놀아달라고 하는 등 하루 종일 잘 지냈다고 합니다. 반려인이 느끼기에도 첫날과 비교했을 때 꽤나 많이 호전되어 보여 감사하다고 인사를 전해왔습니다. 짧은 시간에 베르가 달라지는 모습이 신기하고 기특하다는 얘기와 함께.

이 날 베르는 힐링 에너지도 씩씩하게 쭉쭉 잘 받아가고 힐러에게 호기심을 보이기도 했답니다. 담당 힐러는 확연히 밝아진 베르의 모습에 힐링하는 동안 덩달아 기분이 좋아졌다고 해요. 베르가 조금씩 희망을 찾아가는 모습을 축하하며 힐링을 마치고 반려인과 감사의 인사를 나누었습니다.

그 뒤 베르의 소식이 궁금했는데 반려인이 블로그를 통해 다음과 같

🐾 힐링 후 확연히 밝아진 베르의 모습

은 안부를 전해왔습니다.

"베르, 요즘에 자기가 하고 싶은 거 다 표현하고 잘 지내요. 예전에는 소심해서 다른 애들 만나서 서열 싸움을 한다거나 하면 항상 숨고 도망 다녔는데, 지금은 다른 애들 만나면 먼저 뽀뽀도 하고 또 서열 싸움을 할 때는 가끔 정말 무섭게 행동을 하기도 해요. 베르가 자신감도 많아지고 적극적으로 변한 것 같아서 정말정말 기뻐요. 감사합니다!"

기특한 베르, 앞으로도 힘내렴!

기적을 낳은
어린 엄마, 랑이

　어리고 작은 몸으로 생명을 품고 지켜낸 랑이의 이야기는 기적이라고
밖에 할 수 없습니다. 그리고 이 이야기에는 많은 반려인들이 꼭 알고 조
심해야 할 중요한 교훈도 있답니다.

　랑이와의 첫 만남은 보호자의 교감 신청을 통해서였습니다. 랑이 엄
마는 길에서 구조한 랑이와 자신이 원래부터 생활을 같이 해오던 아이가
서로 잘 지내는지 알고 싶어 나에게 교감을 의뢰했어요. 그때 랑이와 대
화를 나누는데, 랑이가 아직 덜 자란 어린 모습이기는 하지만 에너지의
흐름도 그렇고 왠지 임신한 것 같다는 생각이 들었습니다. 마치 가임기
(발정기)의 아이들 같은 느낌도 들었지요. 교감을 통해 임신 여부를 백 퍼

센트 정확히 감별해 낼 수 있는 것은 아니지만, 랑이 같은 경우는 느낌이 좀 강하게 왔기 때문에 보호자에게 병원에 한번 가보라고 말하고 상담을 마무리했습니다.

그런데 며칠 후 랑이의 보호자가 울면서 연락을 해왔어요. 이유를 들으니 기가 막혔습니다. 내 말을 듣고 랑이 건강 상태도 살펴볼 겸 병원을 가보았다고 해요. 보호자가 사는 곳은 큰 병원이 그리 많지 않은 소도시입니다. 동네의 작은 병원에 데려가 진료를 받으면서 랑이가 혹시 임신을 하지 않았는지 물었는데, 의사가 "임신 여부는 개복을 해보기 전까지는 알 수가 없다"는 황당한 말을 하더니 바로 개복을 해버렸다는 겁니다.

랑이 엄마는 고양이 반려 경험이 그리 길지 않고 랑이처럼 임신이 예상되는 아이 또한 처음이었기에 의사의 주장을 믿고 따를 수밖에 없었지요. 그런데 배를 열어보니 그 작은 몸 안에 아가가 셋이나 들어 있었던 것입니다.

의사는 바로 다시 봉합 수술을 했지만 그러는 와중에도 무턱대고 개복한 본인의 실수를 덮기에만 급급, 어처구니없는 주장들을 계속했다고 합니다. 랑이 엄마는 본인의 무지함이 아이의 목숨을 위태롭게 했다며 펑펑 울었어요. 나도 정말 화가 났습니다. 임신 여부는 초음파 진단만으로도 간단하고 정확하게 알 수 있습니다. 개복을 해야만 임신 상태를 파악할 수 있다니 도무지 이해되지 않았습니다.

개인적으로 친분이 있는 병원의 원장님께 서둘러 조언을 받아 랑이를 가까운 거리에 있는 최대한 큰 병원에 데려가도록 했습니다. 랑이는 그 작은 몸에 아기를 셋이나 품고 개복까지 했으니 당연히 늘어져서 완전히

🐾 밝게 까불대며 놀던 때의 랑이

기력을 잃은 상태였어요. 보호자는 어떻게든 랑이와 아가들을 살리고픈 마음에 나에게도 힐링을 의뢰해 왔고, 랑이의 사연을 들은 힐러들이 발 벗고 나서주었습니다.

제1일

이 날 랑이는 큰 병원으로 옮겨서 진단을 받았습니다. 초음파로 확인해 보니 한 아이의 심장이 뛰지 않았다고 합니다. 개복하고 봉합하는 과정에서 사산된 것으로 짐작이 된다고 했대요. 그렇게 한 아이는 세상 빛도 보지 못하고 엄마의 뱃속에서 생을 마감했습니다. 모두들 흥분하고 분개했지만 랑이를 잘 보살펴서 남은 두 아이라도 살려야 한다는 생각에 애써 마음을 가라앉혔습니다.

아직 너무 어려서 자기에게 어떤 일이 벌어졌는지도 모르는 랑이에게 뱃속에 아가가 있다고 말해주고 힘내라고 토닥였습니다. 랑이는 사람으로 치자면 청소년에 지나지 않는 어린 나이인데도 그 말을 듣고 모성애가 발동하는지 기특하게도 힘을 내는 모습을 보여주었답니다.

이 날의 힐링에서는 아랫배의 묵직함이 크게 느껴졌어요. 미세하게 두통과 어지러움도 느껴졌지만 마취로 인한 것일 수 있겠다는 생각이 들었습니다. 랑이는 씩씩하게 에너지를 흡수해 주었고, 힐링중 옆에서 랑이를 지켜본 보호자 얘기로는 편하게 누워 쉬면서 레이키를 받았다고 합니다.

랑이 엄마는 너무나 미안한 마음에 계속해서 "미안하다…… 정말 미안하다…… 내가 바보 같아서 너를 힘들게 했구나…… 미안하다……" 하고 말씀을 하셨대요. 동물들의 감정 상태는 반려인의 감정 상태와 매우 끈끈하게 연결되어 있어 바로 영향을 받습니다. 중병의 아이들이라도 엄마가 힘을 내서 밝고 긍정적인 기운으로 대해주면 스스로도 병을 이겨 내려 노력하는 모습을 보여줍니다. 반대로 먼저 지쳐 있거나 포기해 버린 듯한 기분이 엄마한테서 느껴지면 동물도 서둘러 생을 마감하려고 마음의 준비를 하게 돼요. 그렇기에 랑이 엄마에게 미안한 마음만큼 사랑하는 마음을 많이 표현하고 오래오래 지켜주겠다고 이야기해 달라고 했습니다.

힐링중 전해지는 랑이의 기분은 우리가 염려한 것만큼 가라앉아 있지는 않았습니다. 어제의 어처구니없는 개복 시술로 몸이 축나고 힘든 상태이긴 하지만 마음은 알 수 없는 설렘으로 가득했어요. 상황의 심각함을 잘 몰라서일 수도 있지만, 엄마가 된다는 소식에 힘을 내 아가들을 만날 준비를 하고 있는 것이 아니었을까 싶습니다.

제2일

밝은 성격 덕분인지 랑이는 놀라울 정도로 빠른 회복력을 보여주었습니다. 둘째 날의 랑이는 일어나서 밥도 잘 먹고 화장실도 가고 잠도 많이 늘었다고 합니다. 확실히 어제보다 기운을 많이 차린 모습이었어요. 뱃속에 아가를 셋이나 데리고 그런 무서운 수술을 받은 아이라고는 상상이 되지 않을 정도로 좋아 보였습니다.

옮겨간 큰 병원에서는 너무 오래 출산이 지연될 경우 사산된 아이가 뱃속에서 부패할 수도 있기 때문에 되도록 빨리 출산을 하는 것이 좋다는 의견을 주었다고 합니다. 일단은 기대를 가지고 기다려보되 너무 늦어지면 제왕절개로 아이들을 꺼내야 한다고 했답니다. 또 죽은 아이가 먼저 나오게 되면 산도가 좁은 랑이에게 위험해질 수 있다는 이야기도 해주었답니다.

겉으로 태연해 보이는 랑이였지만, 지금 상황은 산모도 뱃속의 아가들도 언제 어떻게 될지 모르는 응급 상황이었습니다. 힐러들 모두 간절한 마음으로 정성을 다해 힐링에 임했습니다. 랑이는 힐링을 받을 때는 확실히 편안해하는 모습을 보여주었습니다. 호흡도 안정이 되고 힐링중 편안히 잠에 빠져드는 모습도 보여서 우리는 모두 작은 희망을 품어보았습니다.

제3일

이 날부터는 랑이가 순산을 하기를 바라는 마음으로 하루 두 번씩 오전과 오후로 나누어 힐링을 진행했습니다. 제왕절개를 하든 자연 분만을 하든 체력이 많이 필요할 텐데 랑이가 그만큼 많이 먹어주지를 않아서 애가 탔어요.

상황을 확인하러 랑이는 이 날 다시 병원을 찾았습니다. 진단 결과에 따라 급작스럽게 수술을 할 수도 있었기에 보호자의 연락이 올 때까지는 힐링을 하지 않고 기다렸습니다. 수술을 하고 있는 힐리에게는 절대 힐링을 해서는 안 됩니다. 레이키 힐링의 영향 때문에 마취가 깬 것으로 의심되는 사례가 드물게나마 보고되었기 때문입니다.

다행히 검사 결과 뱃속의 두 아이 모두 건강히 잘 있는 것으로 나타났습니다. 의사는 출산이 그리 멀지 않은 듯하니 일단 자연 분만을 기다려 보자는 소견을 주었다고 해요. 며칠만 더 기다렸다가 출산할 기미가 없으면 제왕절개를 하기로 했다고 했습니다. 그 소식에 안심하고 힐링을 진행할 수 있었습니다.

랑이는 힐링받는 내내 옆으로 편하게 누워 아이들 몫까지 받아가려는 듯 힘차게 힐링 에너지를 받아들였습니다. 주어진 상황을 씩씩하고 의젓하게 받아들이고 노력해 주는 랑이가 참으로 기특하고 고마웠어요.

제4일

이 날은 보호자가 바빠 연락이 잘 되지 않았기에 우리끼리 힐링을 하고 결과를 메시지로 알려주었습니다. 담당 힐러가 느끼기에 랑이의 뒷다리 쪽에 힘이 들어가고 서늘한 기운이 돌았다고 해서 혹시 랑이가 출산을 한 게 아닌가 궁금하고 애가 탔지요. 나중에 보호자가 출산이 임박한 것이 맞다고 확인해 주었습니다. 병원에서 그렇게 이야기를 들었고 육안으로 보아도 랑이의 배가 아래쪽으로 많이 내려와 있다고 했습니다.

랑이가 어서 준비를 마치고 순산해 주기를 바랍니다. 제왕절개를 하려면 다시 개복을 해야 하니 너무 무리가 될 것 같아 걱정이 많았습니다. 랑이야, 조금만 더 힘내자.

제5일

랑이는 힐링의 영향도 있었겠지만 임신 때문인지 잠이 엄청 늘었습니다. 내가 몇 주 전 교감을 통해 느꼈던 랑이는 아직 임신을 할 연령이 아닌, 마냥 놀기 좋아하는 발랄한 소녀 같았습니다. 그런데 이렇게 엄마가 될 몸과 마음의 준비를 의젓하게 하는 모습에 감탄하고 놀랐답니다.

원래는 이 날 제왕절개를 할 예정이었지만 조금만 더 지켜보기로 하고 수술을 미루었다고 합니다. 힐러들로서는 좋은 에너지를 흘려보내 자가 치유력을 끌어올려 줌으로써 건강한 아이들을 무사히 출산할 수 있도록 돕는 것이 최선이었어요.

이 날 힐링 때는 랑이가 받아들이는 에너지가 거의 다 배 쪽으로 몰리는 게 느껴졌습니다.

제6～7일

출산 소식이 들릴 것 같으면서도 들리지 않았어요. 겉으로는 조용하지만 계속해서 입이 바짝바짝 마르는 듯한 이틀이었습니다. 모두들 랑이의 출산 소식만 애타게 기다렸지요.

이틀 동안 랑이는 컨디션이 정말 좋아서 간만에 장난도 치고 활발하게 움직였다고 합니다. 그런데 이번에는 랑이와 함께 지내던 첫째 몽이가 집 안의 낯선 상황에 영향을 받았는지 갑자기 몸이 좋지 않아 병원에 다녀왔다고 해요. 소식을 듣고 몽이도 함께 힐링을 해주었습니다.

우리가 힐링을 진행할 때 보호자는 회사에 있었는데, 퇴근해서 보니 몽이도 활력을 찾은 모습이어서 힐링 덕분이라고 감사의 말을 전해주었습니다.

제8일

랑이가 갑자기 출혈을 해서 보호자가 급히 랑이를 병원에 데려갔습니다. 급작스럽게 제왕절개가 결정되어 기본적인 검진을 마친 뒤 곧장 수술에 들어갔어요.

모두들 조마조마한 마음으로 기다릴 때 랑이가 무사히 아가들을 낳았다는 소식이 날아들었습니다. 엉터리 의사의 어처구니없는 개복 수술로 죽을 뻔했던 아가들이 세상에 태어나는 감동적인 순간이었어요. 엄마랑 꼭 닮은 줄무늬 모양의 아이와 마치 하얀 양말을 신은 듯한 모습의 노란 아이였습니다.

눈물이 날 것 같았어요. 랑이가 저 여린 몸으로 힘든 시간을 이겨내며 잘 견뎌준 덕분에 아가들도 살 수 있었지요. 정말 랑이는 기적을 낳은 것입니다. 모두들 환호하며 기뻐했습니다. 들뜬 마음을 가라앉히고 함께 힘을 모아 랑이와 두 '꼬물이'들을 빛으로 축복하며 힐링 에너지로 감싸주었습니다. 랑이 엄마는 힐링 덕분에 랑이가 연속 두 번의 큰 개복 수술을 이겨낼 수 있었다고, 경황이 없는 중에도 감사의 말을 전해주었습니다.

출산 직후에는 몸이 힘들어 잠시 아이들을 외면하기도 했지만, 랑이는 이내 새끼들을 소중하게 품고 돌보기 시작했습니다. 아직 어린 초보 엄마지만 아가들을 향한 모성애는 여느 엄마 고양이 못지않게 강했답니다.

제9~10일

오늘부터는 랑이와 아가들이 모두 건강하게 몸조리를 할 수 있도록 돕는 데 초점을 맞추어 힐링을 진행하기로 했습니다. 랑이는 밤새 기운을 많이 차렸다고 해요. 화장실 가고 밥 먹는 것까지 참아가면서 아이들을 챙기는 통에 달래서 밥도 먹이고 화장실도 보냈다고 합니다.

힐링하는 내내 랑이의 모습에서는 반짝반짝 빛이 났고 행복해 보였습니다. 수술 때문에 아직은 배 쪽이 당기기도 하고 통증도 조금씩 느껴졌지만 잘 이겨내 주니 참으로 감사했습니다. 철없고 어린 소녀였던 랑이가 갑자기 성숙해 보인다면서, 대견하기도 하고 조금 서운하기도 하다는 랑이 엄마의 이야기에 딸을 시집보내는 엄마의 마음이 저렇겠구나 하며 혼자 뭉클했던 기억이 납니다.

반려 동물을 자식처럼 키우다 보면 동물에게서 사람과 다름없는 감정을 느끼게 되는 일이 많은 것 같습니다. 여린 몸 때문에 숨을 헐떡거리면서도 애기들에게 젖을 물리는 랑이의 모습은 참으로 경이로웠고 보는 이를 숙연하게 만들었습니다.

어린 엄마 랑이가 아가들을 돌보는 모
습. 앞쪽이 수야, 뒤쪽이 산이

제11일

이제 아기 돌보는 것이 익숙해졌는지 랑이는 꽤 여유가 생긴 모습이
었습니다. 젖을 먹인 뒤 느긋하게 기지개를 펴고 조금씩 돌아다니기도
하고 자기 몸도 챙기기 시작했습니다.

어제 힐링할 때 설사를 한다고 해서 걱정했는데 다행히 설사도 잡혀
가고 있었습니다. 모든 것이 순조롭게 지나가는 느낌입니다. 다만 빈혈
증상이 좀 있어 보여 걱정이 되었습니다. 담당 힐러는 랑이가 조금 어지
러워하기도 하고 다리 쪽 근육들이 기운 없이 떨리는 느낌을 받았다고
했는데, 보호자도 랑이가 물을 먹거나 할 때 비틀거려서 잡아주어야 한
다고 했습니다. 좀 더 신경을 써보고 그래도 호전되지 않으면 의사와 상

담해 보겠다고 했어요.

　이제 랑이가 한숨 돌리고 나니 첫째 몽이에게도 관심을 기울일 수 있게 되었어요. 갑작스럽게 식구가 늘어나 몽이가 스트레스를 받을 수도 있겠다는 생각이 들었습니다. 의논 결과 몽이도 함께 힐링하는 것으로 의견이 모아졌습니다. 여러 힐러들이 바쁜 가운데도 기꺼이 시간을 내고 함께해 준 덕분에 가능한 일이었지요.

제12~15일

　아가들이 하루가 다르게 무럭무럭 자라는 가운데 평온하게 시간이 흘러갔습니다. 한쪽 방에 따로 격리해서 마련해 둔 산실을 조금씩 오픈해서 간간이 몽이와도 대면하게 하라고 보호자에게 권했습니다. 몽이는 이 상황을 이미 다 알고 받아들이는 상태였습니다. 다른 고양이들에게 별로 흥미가 없던 아이여서 그런지 심한 스트레스는 받지 않는 듯했지만, 그래도 아주 편치는 않아 보였기에 계속 함께 힐링하며 다독여주었습니다. 두 아가들 중에 노란 아가 수야는 조금 약해 보여서 마음이 쓰였는데 다행히 둘 다 큰 차이 없이 잘 자라고 있었습니다. 모든 게 꿈같고 기적 같은 일이었어요.

제16일

　마지막 힐링 날이었습니다. 그동안 랑이와 정이 많이 들었기에 모두들 아쉬워하며 작별 인사를 나누었습니다. 랑이 엄마는 모든 게 힐러들 덕분이라며 여러 번 인사를 했습니다. 기적을 낳은 어린 엄마 랑이의 힐링을 함께하면서 이 작고 여린 동물도 생명 앞에서는 사람 못지않게 강인하다는 사실에 크게 감동했습니다. 그렇게 큰 수술을 겪고도 금방 털고 일어나는 생명력과 의지가 놀라웠고, 그 과정에 함께해 준 레이키의 축복이 감사했습니다.

덧붙여, 반려 동물과 함께하면서 반려인들도 공부를 많이 해야겠다는 교훈을 얻었어요. 병원을 무조건 맹신하는 것이 얼마나 위험한 일인지 알게 되었습니다. 이 경우처럼 실력이 부족하거나 개인의 욕심으로 아이들을 대하는 수의사가 더는 없기를 바라지만, 혹시라도 그런 경우를 당해 피해를 입지 않으려면 평소 아이를 잘 관찰하고 기본적인 지식을 쌓을 필요가 있겠습니다.

다소 약하게 태어났던 노란 아가 수야는 결국 폐에 물이 차는 병으로 고양이 별로 돌아갔습니다. 지금은 몽이와 랑이, 엄마를 쏙 빼닮은 산이, 이렇게 세 고양이가 보호자와 함께 살고 있습니다. 수야, 꼭 건강하게 다시 태어나서 행복하게 오래오래 살길 바라. 사랑한다.

잠이 오지 않아요,
제이

　　제이는 직장암 수술을 받은 후로 잠을 잘 이루지 못하는 노견이었어
요. 얕은 잠이 들었다가도 깜짝 놀라면서 깨어나 짖고 울기 일쑤였다고
합니다. 에너지 상태로 느껴본 아이는 나이도 있고 전반적으로 건강한
편은 아니었어요. 지루성 피부염도 있어 몸 여기저기가 매우 간지럽기도
했고요. 하지만 보호자가 가장 걱정하는 것은 밤에 잠을 잘 못 자고 자꾸
우는 점이라고 했습니다. 이유를 알지 못하니 달래주지도 못하고 그동안
많이 힘들었으리라 생각되었어요. 잠을 못 이루는 이유가 감정적인 것이
든 신체적인 것이든 필요한 곳으로 에너지가 흘러 치유가 되기를 바라며
힐링을 시작했습니다.

제1일

첫날의 힐링은 27분 동안 진행했습니다. 힐링을 받는 동안 제이는 중간에 한 번 깜짝 놀란 것을 제외하면 계속 편안하고 나른한 모습으로 누워 있었다고 해요. 제이가 신경안정제를 복용하고 있어서인지 담당 힐러도 굉장히 늘어지고 나른한 기분이 들었다고 합니다. 힐링중 커다란 눈을 껌벅거리는 것과 턱 밑이 간지러운지 잠시 긁는 느낌을 받았는데 역시나 제이가 턱을 한 번 긁었다고 보호자가 들려주었지요. 실제로 만나지 않고 멀리서 원격으로 아이와 힐링을 나누는데도 아이의 상태나 행동이 감지되는 것은 언제 느껴도 참 신기한 경험입니다. 제이가 푹 쉴 수 있으면 좋겠다는 바람을 가지고 첫날 힐링을 마쳤습니다.

제2일

어제 제이의 상태는 그다지 호전이 없었다고 합니다. 담당 힐러가 느낀 제이의 상태 역시 어제보다 안 좋은 곳이 조금 더 늘어나 있었어요. 옆구리 쪽으로도 통증이 느껴지고, 배변이 시원치 않은지 아래쪽으로도 불편한 느낌이 들었다고 합니다. 제이의 상태가 차도가 없고 보호자도 기대가 컸다가 실망한 모습이 역력해 마음이 썩 좋지 않았지만 힐러가 흔들려서는 안 되기에 다들 마음을 굳게 다잡았습니다. 레이키는 당장 눈에 보이는 변화를 일으키기도 하지만, 며칠이나 몇 주가 지난 뒤에 결과가 나타나기도 합니다. 힐러로서는 그저 묵묵히 좋은 에너지를 흘려보내 주는 것이 최선이지요. 이 날은 오전에 힐링을 진행했고, 조금 더 기다리면서 제이의 상태를 지켜보기로 했습니다.

제3일

제이는 지난밤에도 잠을 이루지 못했다고 합니다. 무언가 방법을 바꿔야 할 것 같았어요. 그때 두 명이 한 조가 되어 동시에 힐링해 보면 어떨까 하는 생각이 들었습니다. 제이의 힐링을 통해서 여러 명의 힐러가 한 조가 되어 그룹 힐링을 하는 것이 필요한 상황이 있다는 것을 알게 되었습니다. 이처럼 내가 그룹 힐링을 하면서 그것에 맞게 상황을 조정할 수 있었던 것은 지금 생각해 보면 상위 자아와의 소통이 자연스럽게 이루어졌기 때문인 것 같습니다. 그 당시 나는 마스터라고는 하지만 그저 나를 따라주는 힐러들보다 조금 더 경험을 한 정도에 불과했어요. 그런데도 어떤 상황에 닥쳤을 때 그것에 맞는 방법들이 머릿속에 바로바로 떠오르는 것이 참으로 신기했습니다. 마치 누군가 알려주기라도 하듯 한 번도 해본 적 없는 아이디어들이 떠오르곤 했지요.

제이 같은 경우도 즉흥적으로 그런 아이디어가 떠올라 제안을 하게 되었고, 힐러들과 함께 그 방법으로 그룹 힐링을 시작하게 되었습니다. 이때는 그저 마음의 소리대로 따라한 것이지만 지금은 많은 경험을 통해 그룹 힐링의 장점을 알게 된 덕분에 필요할 때면 이와 같은 그룹 힐링을 실행합니다.

두 사람이 함께 힐링하는 것과 별개로 보호자가 사는 집의 공간을 정화하는 작업도 동시에 진행했습니다. 보호자가 별로 효과가 없을 거라는 생각에 좌절하고 있는 것이 느껴졌기에 부정적인 기운들을 함께 정화하려는 목적이었지요.

이 날은 제이가 잠을 이루지 못한 지 열흘째 되는 날이었습니다. 다행히 힐링을 받는 동안에는 편히 잠든 상태로 에너지를 받아주었다고 해요. 잠을 못 자는 것은 몸이 여기저기 불편하기 때문이라고 느껴졌습니다. 특히 피부의 가려움증이 크게 느껴지고 열이 오르듯 후끈후끈한 기운이 제이한테서 느껴졌어요. 그때가 여름이어서 제이가 더더욱 잠을 이루기 힘들었을 것 같습니다.

제4일

제이가 어젯밤에 한 번 정도 깨어서 짖는 것을 빼고는 깊은 숙면을 취했다는 반가운 피드백을 받았어요. 공간 정화와 그룹 힐링의 반응이 바로 나타나다니 정말 신기했어요. 힐러들 모두 제이에게 도움이 되었다는 사실에 감동하고 힘을 냈습니다. 보호자도 한결 밝은 모습으로 인사를 전해왔고요. 이 날의 힐링은 15분 정도 진행되었습니다. 제이는 오늘도 편안히 잠든 채 힐링을 받아주었습니다. 몸의 가려움증도 어제보다 한결 가라앉은 느낌이었습니다.

제5일

그제에 이어 어제도 제이가 푹 잘 잤다는 소식을 전해 받았습니다. 기쁘고 좋아서 절로 웃음이 났어요. 울지도 않고, 짖지도 않고, 코까지 골면서 달게 잤다고 합니다. 또 다른 변화도 있었어요. 직장암 수술을 받았기에 배변을 하루 다섯 번 이상 했는데 힐링을 받고 난 뒤로는 횟수가 줄어들었다고 해요. 좋은 변화였습니다. 장이 정상적으로 기능해 가기 시작한 것이었지요. 보호자는 제이의 표정도 예전보다 훨씬 부드러워졌다고 말해주었어요. 편안한 모습으로 바뀌어가는 제이를 보면서 내일은 또 어떤 소식이 기다릴까 기대하게 됩니다.

제6일

이 날은 습한 날씨 때문인지 아주 편안하고 깊이 잠들지는 못했다고 합니다. 다시 피부 가려움이 시작된 게 아닐까 짐작되었어요. 그래도 처음 힐링을 할 때처럼 밤새 잠을 못 이루며 힘들어한 것은 아니고, 조금 울다가 밤 1시 넘어서부터는 잘 잤다고 전해주었습니다. 이 날도 제이는 힐러들이 전해주는 힐링 에너지를 냠냠 맛있게 가져갔습니다.

제7일

제이가 다시 조금도 잠을 이루지 못했다는 소식을 접했습니다. 왜일까…… 걱정이 되기 시작했습니다. 보호자는 또다시 힘들다고 하소연해 왔고 마음이 무거웠습니다. 하지만 힐링만큼은 절대 동요 없이 임해야 했기에 모두들 서로를 다독이며 힘을 냈습니다. 힐링받을 동안 제이는 가만히 누워 있었다고 합니다. 제이야, 좋은 에너지가 치유를 도와줄 거야. 힘내렴.

제8일

어젯밤은 다행히 제이가 잠을 잘 잤다고 전해왔습니다. 다소 기복이 있긴 했지만 잠자는 것 외에도 활동성이 나아져서 다시 희망이 생겼습니다. 이 날은 보호자가 오랜만에 제이를 운동시켰다고 해요. 힐링을 하는 동안은 실신하듯 깊은 잠에 빠져들어 있었는데, 간만에 운동을 해서인지 매우 피곤했던 모양입니다. 특별히 아픈 것도 느껴지지 않았고 평탄한 힐링 날이었습니다. 밤에도 잘 자기를 바라며 힐링을 마무리했습니다.

제9일

다행히 간밤에도 한두 번 깼을 뿐 비교적 잘 잤다고 합니다. 오늘은 병원에 다녀오고 미용까지 해서 지쳤는지 종일 잠을 잔다고 전해왔습니다. 힐링 덕분에 병원에서도 얌전하게 진료받아 좋았다고 했고요. 제이는 오늘도 레이키를 쭉쭉 잘도 받아갔습니다. 아이들이 더 이상 힐링이 필요 없다 생각하고 받지 않으면 힐링 시간을 줄이거나 그만하기도 합니다. 하지만 제이처럼 계속해서 원하는 아이들은 좀 더 오래 힐링하며 아이가 원하는 만큼 에너지를 보내주게 됩니다. 몸속에 긍정적인 효과를 가져오기 위해 제이가 열심히 받아가 주니 무척 고마웠어요.

제10일

이 날 힐링을 맡은 힐러에 따르면 제이가 손바닥이 얼얼할 정도로 에너지를 흡수해 갔다고 합니다. 힐링 에너지를 많이 받는 힐리를 만나면 정말 손에서 피를 뽑아가는 듯한 느낌을 받기도 합니다. 손이 얼얼하게 느껴지거나 심한 진동을 느끼기도 하지요. 제이의 어깨와 몸의 근육들이 뭉친 느낌이라 마사지를 해주라고 보호자에게 권했습니다. 보호자의 얘기로는 제이가 예전보다 더 같이 있으려고 하고 잠도 같이 잔다고 합니다. 조금 시크하다는 평을 받던 아이라 그런 변화들이 눈에 금방 보였나 봅니다. 아이들이 이렇게 힐링받고 행동이 바뀌면 반려인들도 함께 행복해지니 이것이 진정한 힐링이 아닐까 싶었어요.

제11일

원래 일정상으로는 어제가 마지막이었지만 제이가 걱정된 힐러들이 보호자에게 따로 말하지 않고 간단히 힐링을 진행한 뒤 그 사실을 알려주었습니다. 아래는 보호자가 보내준 메시지입니다.

"잊지 않고 챙겨주셔서 감사합니다. 제이는 간밤에 편히 잘 잤어요~ 처음 힐링 신청할 때는 정말 치료가 될까 했는데 어제 제이가 잘 자는 모습을 보니 정말 효과가 있네요. 여러 선생님들이 고생해 주시니 효과는 당연한 거겠죠! 선생님들 고생 많이 하셨고요. 좋은 일 하시니 복 받으실 거예요! 좋은 분들 만나서 행복했습니다. 감사해요. 여러 선생님들 늘 즐겁고 행복하세요!"

엄마 없는 시간이
너무 싫었던 은선이

은선이는 분리불안증이 심한 강아지였습니다. 같이 지내는 다른 강아지가 있지만 엄마가 나가고 나면 은선이는 다른 존재는 안중에 없는 듯 문을 향해 계속 짖어댔어요. 어둠 속에 혼자 갇혀 있는 것처럼 무서워했습니다. 물어뜯어 놓은 물건이나 사방에 흩어져 있는 변은 그나마 엄마가 치우면 되지만, 종일 쉬지도 않고 짖는 통에 이웃 분들에게 너무 큰 폐를 끼치는 것 같아 힐링을 신청하게 되었다고 했습니다.

은선이는 한때 유기견이었어요. 그래서 엄마와 떨어지는 것을 극도로 싫어하리라 짐작이 되긴 했습니다. 엄마와 있을 때는 천사처럼 착한 아이지만, 엄마만 보이지 않으면 행동이 완전히 돌변했어요. 관리사무실에서 경고까지 받은 상황이라 어쩔 수 없이 분리불안증을 안정시킨다는 약도 먹여보았지만 큰 효과는 없었습니다. 레이키 힐링은 은선이 엄마가 지푸라기라도 잡고픈 간절한 심정으로 선택한 방법이었어요.

동물의 우울한 감정이나 문제 행동을 가지고 상담할 때 교감을 통해서, 즉 대화로 그 문제를 해결할 수 있는 상황이 있기는 합니다. 그러나 결국은 동물 스스로 마음을 바꾸어줘야 해요. 상처받은 마음이 먼저 치유되어야 행동이 자연스럽게 변화될 수 있는 경우에는 교감보다 힐링을 우선적으로 권해드립니다.

은선이 같은 경우도 그렇습니다. 분리불안증이라는 정확한 이유가 있긴 하지만, 아이에게 무조건 "엄마는 너를 버리지 않을 거야. 금방 다시 들어올 테니까 참고 기다려줘. 알았지?" 이렇게 말을 하는 것은 크게 효과가 없습니다. 그 말을 알아듣고 참아주면 좋으련만, 대부분의 동물들은 엄마가 자기를 두고 나가는 것이 '그냥' 싫은 겁니다. 어린아이처럼 그냥 싫고 무서워서 바로 격렬한 반응을 보이는 거지요. 교감을 통해 원인을 파악할 수는 있되 그것만으로는 아이들의 감정까지 조절할 수 없을 때 힐링을 병행하면 좋습니다.

은선이와의 힐링은 6일 동안 이루어졌습니다. 보통 엄마가 출근하느라 집을 나서는 시간인 오후 2시 40분에서 3시 사이에 힐링을 하고, 보호자가 나중에 힐링 내용을 확인하고 답변해 주는 방법으로 진행했습니다.

힐링은 아이의 마음을 다독여주는 데 집중해서 진행했습니다. 은선이는 엄마가 없으면 긴장해서 바로 몸이 경직되는 느낌이었습니다. 머리도 아프고, 무엇보다 가슴이 너무 답답했어요. 관절도 좋지 않은지 욱신거

🐾 힐링 시작 전의 은선이. 얼굴 표정이 뚱하다

리는 느낌이 들었고, 흥분했는지 눈 쪽으로 열기가 몰리는 느낌도 강하게 받았습니다. 그렇게 사흘 정도는 계속 비슷한 증상을 느끼면서 조마조마하게 지나갔어요.

나흘째 되는 날 보호자가 전해오기를, 힐링을 시작하고 난 뒤로 은선이가 평소보다 잠이 많아졌고 전보다 덜 예민한 느낌이 든다고 했습니다. 작은 변화였지만 정말 기뻤습니다. 그 다음날에는 힐러 두 사람 모두 힐링중에 너무 졸려서 깜박 졸 뻔했다고 했는데, 은선이가 놀랄 정도로 깊이 오래 잠을 잤다고 나중에 보호자가 확인해 주었답니다.

6일째 되는 날, 차분히 마지막 힐링을 마쳤습니다. 은선이가 처음보다 많이 안정된 것 같다고 보호자가 들려주었어요. 전에는 안정제를 먹지 않은 날은 엄마가 나가는 게 너무 싫어서 부들부들 떨고 간식을 줘도 거부했는데, 지난주 힐링을 시작하면서 약을 끊었는데도 이제 간식을 주면 잘 받아먹는다고 했습니다. 함께하는 가족만큼 아이의 변화를 잘 감지할 수 있는 사람은 없습니다. 엄마가 느끼는 은선이는 예전보다 훨씬 안정되었다고 했습니다. 어떤 극적인 변화보다 감동적이고 기쁜 변화였습니다. 힐링 덕분에 스스로 마음을 치유해 나아가기 시작한 은선이가 앞으로 하루하루 더 편안하고 행복해지기를 기원하며 작별 인사를 나누었습니다.

몇 개월 뒤, 보호자가 은선이의 소식을 전해왔습니다. 은선이가 많이 좋아진 모습으로 지내고 있다며 감사의 말을 해주었어요. 이런 변화를 이루어낼 수 있었던 것은 다른 누구보다도 은선이 스스로의 의지 덕분이라고 생각합니다. 은선이는 많은 사람들에게 사랑의 에너지를 전해 받으며 용기를 얻고 힘든 시기를 이겨냈습니다. 그 과정에 동참할 수 있어 행복했습니다. 기특한 은선이! 엄마랑 오래오래 행복해야 해!

학대받은 기억에
갇혀 있던 햇님이

햇님이는 다른 아이들과 달리 유독 사람을 경계하고 두려워하는 모습을 보였어요. 몸에는 무엇엔가에 찍힌 자국이 가득했고, 척추와 등, 앞 발꿈치에는 살점이 떨어져나간 흔적도 보이고 군데군데 털이 빠지고 없는 부분들도 보였습니다. 발톱은 빠졌다가 다시 자라면서 기형적으로 휘어져 있었고, 무릎이 부러졌는지 철심을 박은 상태였어요. 누가 보아도 학대를 받았구나 의심할 만한 상태였지요. 햇님이는 낯선 사람들만 보면 경기를 일으키며 곡을 하듯 울어댔습니다. 그레이하운드 종의 개는 품종 특성상 매우 활동적입니다. 운동을 좋아하고, 또 운동을 많이 시켜줘야 건강을 유지할 수 있어요. 그러나 햇님이는 집밖으로 나가는 것을 몹시 무서워하며 완강히 거부하는 통에 집에서만 지냈습니다. 사교성도 엉망이었고, 운동을 못해 건강도 걱정되는 상태였어요.

햇님이를 데려온 것은 수개월 전 어느 기도원에서였다고 합니다. 기도원 관리인으로 일한다는 견주가 햇님이와 스피츠 아이를 함께 기르고 있었어요. 곧 이사를 해야 하는데 햇님이는 데려갈 수 없어 입양을 보내겠다는 말을 했고, 우연히 그 소식을 들은 지금의 햇님이 엄마가 햇님이를 새 가족으로 맞이하게 된 것입니다. 햇님이를 데려올 당시 미심쩍은 부분이 한두 가지가 아니었지만 그래도 어차피 내 가족이 되었으니 보듬어야겠다는 생각밖에 없었다고 해요. 햇님이가 이상한 행동들을 해도 낯선 환경에 적응하는 과정이겠거니 하고 다독이며 사랑을 쏟았지만 도무지 차도가 보이지 않아 교감 신청을 하게 된 겁니다.

마침 교감 의뢰를 받은 애니멀 커뮤니케이터가 나의 절친한 벗이었어요. 잠시나마 아이랑 교감을 해보니 마음의 상처가 너무 깊었다고 해요. 대화도 대화지만 우선 힐링을 받는 것이 좋겠다 싶어 내게 보내준 것이었습니다. 사진과 음성으로 햇님이를 처음 만난 날을 잊을 수 없습니다. 낯선 사람이 집에 올 때 햇님이가 울부짖는 소리를 녹음한 파일로 듣고 가슴이 너무너무 아팠어요.

"싫어! 싫단 말이야! 무서워…… 가라고 해. 우리 집에 오지 말라고 해!" 햇님이는 엉엉 울면서 무섭다고 온몸으로 울부짖고 있었습니다.

보호자 이야기에 따르면 햇님이는 낯선 소리와 낯선 사람뿐 아니라 무엇이든 조금만 이상하다 싶어도 하루 몇십 번씩 이렇게 울부짖는다고 했습니다. 산책을 좋아해야 할 아이가 밖에 데려나가면 긴 다리를 웅크리고 바닥에 납작 붙어서 벌벌 떨기만 할 뿐 도무지 움직이려 들지 않고요. 햇님이 엄마는 도대체 이 아이에게 무슨 일이 있었는지 궁금하다고 했습니다.

햇님이는 엄마 품이나 이불 속에 숨어서 나오려고 하지 않고, 무언가 뜻대로 되지 않으면 자해를 하거나 함께 지내는 닥스훈트 아이들을 공격했어요. 집에 있는 가족들(큰누나, 아빠)도 가끔씩 공격할 정도로 상황이 심각했습니다. 마음의 치유가 시급하다 생각되어 급히 힐링 팀을 구성하고 바로 힐링을 시작하게 되었습니다. 부디 이 상처받은 아이가 다시 사랑의 빛으로 가득 채워지기를 빌면서.

🐾 잘 때마저 편히 쉬지 못하는 햇님이. 몸 곳곳에 학대의 흔적이 남아 있고, 잘 때도 얼굴을 가리고 잔다.

제1일

첫날의 힐링은 쉽지 않았어요. 햇님이는 많은 사람들이 관심을 보이는 데 의아해했고 힐링 에너지조차 편안하게 받아들이지 못했습니다. 힐링하는 동안 내내 아빠 쪽을 향해 울부짖고, 졸음이 쏟아지는 것을 이기지 못하면서도 자기 꼬리를 물어뜯는 행동을 보였다고 합니다. 그리고 갑자기 생식기를 마구 핥아서 한 번도 그런 행동을 보지 못한 엄마가 몹시 당황했다고 했어요.

담당 힐러는 힐링하면서 너무도 슬픈 느낌이 들었다고 합니다. 그렇게 깊은 슬픔은 느껴본 적이 없다고요. 슬픔 때문에 몸의 아픔은 느껴지지도 않을 정도라고 했습니다. 힐링을 처음 시작했을 때는 햇님이가 거부하는 듯한 느낌을 보내왔지만, 그래도 조금 시간이 지나면서부터는 다소 경계심을 거두고 힐링 에너지를 받아갔다고 합니다.

힐링 후반부에 들어 감정이 조금 누그러들기는 했지만, 여전히 슬픈 마음이 많아서 아무리 걷어내고 걷어내도 치워지지가 않았다고 해요. 햇님이는 가족들이 자기를 사랑해 주는 것조차도 아직 익숙하지 않은 모습이었습니다. 그런 대접을 받지 못해서 그런지, 아프고 고통스러웠던 기억들이 계속 떠올라서 그런지, 지금 가족들과 행복하게 지내고 싶어도 자꾸만 무섭고 힘들다고 했대요.

담당 힐러는 햇님이에게 "앞으로 며칠간 너에게 좋은 에너지를 전하러 여러 사람들이 올 거야"라고 말해주었답니다. 햇님이는 말없이 듣고 있었고요. 부디 우리를 거부하지 않기를……

햇님이가 집에서 유일하게 믿고 의지하는 존재는 엄마였습니다. 엄마에게만은 마음을 많이 열어놓은 상태였어요. 그래서 엄마가 눈에 안 보이면 너무 불안해서 울부짖곤 한 겁니다.

유독 큰누나에게 공격적이어서 햇님이에게 그 이유를 물어보았지만 답변을 정확히 듣지 못했습니다. 반려인의 얘기로는 가족 가운데 큰누나를 햇님이가 가장 늦게 만났는데, 지금까지도 어느 선 이상은 거리를 두고 있어서 큰누나가 많이 안타까워한다고 했어요. 아마도 마지막에 본 까닭에 가족이 아닌 손님으로 인식하고 거리를 두면서 자기 방어를 하는 게 아닌가 싶었지만 단정할 수는 없었습니다. 정확한 것은 차차 힐링을 진행하면서 알아가기로 했어요.

아이의 기억을 살펴보니 그동안 먹어온 음식 대부분이 사람이 먹는 음식이었습니다. 동물의 입장에서 보면 지나치게 짜고 필요한 영양소는 부족한 음식이지요. 햇님이 엄마도 햇님이가 평소에 라면이나 갈비가 식탁에 오르면 난리를 치는 것을 보고 왜 그런지 의아했다고 했어요. 또 처음 데리러 갔을 때 햇님이가 먹는 거라며 받아온 사료는 정작 입에 대지도 않는다고 했고요. 어떤 대우를 받았는지 어느 정도 짐작해 볼 수 있었지요. 보호자도 우리도 햇님이의 과거가 너무너무 궁금했지만, 아이에게는 그런 기억들을 떠올리는 것 자체가 큰 아픔이 될 수 있기에 자연스럽게 먼저 이야기할 때까지 기다리기로 했습니다.

제2일

햇님이가 밤새 어땠을까 궁금해 보호자에게 햇님이의 안부부터 물었습니다. 햇님이는 어제에 비해 눈에 띄게 활발해지긴 했는데 워낙 힘이 좋은 녀석이라 엄마가 좀 버거웠다고 해요. 잠도 깊게 자기는 했지만 악몽을 꾸는지 몸부림을 쳤다고 하고, 전에는 쓰레기통을 뒤진 적이 없는데 갑자기 쓰레기통을 뒤지려 드는 통에 말리느라 혼이 났대요. 거기다 함께 사는 닥스훈트 아이에게 구애 행동을 해서 너무 놀랐다고 했습니다. 한 번도 그런 모습을 본 적이 없었으니까요.

엄마는 당황스러웠다고 했지만 힐링의 관점에서는 좋은 변화로 보였습니다. 햇님이한테 자신감이 생기고 있다는 증거였으니까요. 특히 자존감이라든지 가족들과의 문제, 집단에서의 소속감 등의 감정을 관할하는 뿌리 차크라의 각성이 활발히 이루어지고 있는 듯 보였어요. 자신감이 없고 위축되어 있을 때는 구애를 하거나 활기찬 행동으로 자신을 어필하려 들지 못하거든요. 조금 당황스런 행동들이기는 했지만 그래도 변화가 일어나서 좋았습니다. 아이가 덩치도 크고 힘도 센 견종인 탓에 엄마는 좀 힘들어했지만요.

이 날은 작은누나의 과외 선생님이 오는 날이기도 했습니다. 과외 선생님이 방문하는 날은 햇님이가 늘 울부짖고 과외가 끝나 선생님이 돌아갈 때까지 계속 울어댄다기에 과외 시간에 맞추어 힐링을 진행했습니다.

혹시나 하는 기대를 가졌지만 아직은 너무 일렀는지, 과외 선생님이 돌아갈 때까지 햇님이는 울음을 멈추지 않았습니다. 햇님이 엄마는 아이가 힐링을 받을 때 머리에서 열이 나는 듯 느껴진다고 했습니다. 햇님이는 흘러들어 오는 레이키 에너지와 몸에서 감지되는 느낌 때문에 혼란스러워하기도 했습니다. 힐링을 할 때에 여기저기 경직되어 있는 느낌도 들어서 햇님이 엄마에게 힐링이 끝난 후에도 틈틈이 쓰다듬듯이 살살 마사지를 해주라고 권했습니다.

찬찬히 살펴보니 햇님이는 지금 자신이 있는 집에 대한 신뢰감이나 소속감은 분명 가지고 있었습니다. 그러나 가족들이 자기에게 베풀어주는 사랑 앞에서는 여전히 '왜 이렇게 잘 해주지? 이러다 또 변덕을 부리면 어떡하지?' 하는 마음이 크게 느껴졌어요. 가족들이 아무것도 바라지 않고 그저 햇님이 자체를 많이많이 사랑하는 것이니 무서워하지 말라고, 지켜주겠다고 전해주었습니다.

제3일

힐링을 시작할 때부터 햇님이는 슬픔과 트라우마가 너무 깊어 시간이 꽤 걸리겠구나 예상을 했습니다. 햇님이 엄마도 이 점을 예상하고 있었기에, 우리는 조급하지 않게 아이의 작은 변화 하나하나에도 기뻐하고 응원할 수 있었습니다.

이 날은 오전 내내 잠만 자던 햇님이가 택배 아저씨의 방문에 놀라 예전처럼 비명을 질렀다고 해요. 그 뒤로 다시 의욕 없는 아이처럼 늘어져 있다고 했습니다.

힐링을 시작하기 전에는 늘 아이의 상태를 확인하는데, 이 날은 저녁에 힐링을 시작하면서 물어보니 신기한 변화가 한 가지 있었다고 했습니다. 원래는 밥을 먹고 나서 이를 닦이려 하면 어두운 곳으로 파고들며 숨기 바빴는데 이 날은 처음으로 이를 닦아달라고 먼저 엄마 무릎에 앉았다고 해요. 엄마가 잠시 야채 가게에 다녀오느라 집을 비울 때도 문 앞에 와서 배웅을 해주었다고 하고요.

이 날 힐링 때 햇님이는 엄마가 참 좋다고, 감사하다고 전해달라고 했습니다. 조금씩 긍정적인 모습을 보여주는 햇님이가 기특했습니다.

제4일

여전히 하루 종일 늘어지게 잠만 자는 햇님이었습니다. 그동안 예민해서 계속 잠을 설치고 마음이 불안했으니 아마도 한동안은 이렇게 계속 잠을 많이 자지 않을까 싶습니다. 레이키 힐링을 받으면 평소 잠을 잘 이루지 못하거나 피로가 쌓인 사람일수록 잠을 깊이, 오래 자는 편입니다. 이것은 몸에서 필요로 하는 치유의 한 방식이지요. 이처럼 몸에서 원하는 것, 평소 부족했던 것이 무엇인지 확연히 나타납니다.

누나들을 공격해 대는 것이 여전하긴 했지만, 그래도 집요하게 따라다니며 공격하는 모습은 줄어들었습니다. 오늘은 누워 있던 엄마의 배 위에 처음으로 올라와 앉기도 했다고 합니다. 힐링을 시작하면서 평소 보이지 않던 새로운 모습들이 하나둘씩 늘어나는 것은 우리 힐러들에게도 참 신기하고 행복한 경험이지요.

힐링을 받는 동안 햇님이는 숙면을 취했다고 해요. 인기척이 나도 쳐다보기만 할 뿐 크게 동요하지 않았다고 합니다. 원래는 바로 뛰어가서 공격을 개시하는 햇님이었는데요. 그것뿐이 아니었습니다. 엄마가 무서운 청소기를 돌렸는데도 이 날은 초연하게 바라보기만 했답니다. 조금씩 조금씩 그러나 확실히 햇님이는 달라지고 있었습니다. 엄마는 시간이 오래 걸려도 노력하겠다고 햇님이에게 전해달라고 했어요. 담당 힐러도 엄마의 마음이 전달될 수 있도록 정성을 다해 노력해 주었습니다.

이 날 햇님이는 산책을 무서워하는 이유를 말해주었습니다. 문밖을 한 발자국이라도 나가면 사랑받는 이곳을 떠나 다시 살던 곳으로 돌아가야 할 것 같은 불안함에 바깥세상이 너무너무 두렵고 무섭다는 거였어요. 용기를 내 말을 해준 햇님이가 짠해 보여 가슴이 많이 아팠습니다. 그럴 일은 절대 없을 거라고 아이를 달래주면서, 지금까지 햇님이가 산책이라는 것을 기분 좋게 해본 경험이 단 한 번도 없지 않았을까 싶었습니다. 가족들과 나란히 나들이 가는 날이 오려면 정말 시간이 걸리겠다는 생각이 들었지만, 그날이 오면 얼마나 기뻐할지 상상하며 힘을 내기로 했습니다.

이 날은 아마 햇님이가 좋은 변화를 가장 많이 보여준 날이 아니었나 싶습니다. 저녁에 보호자가 추가로 전해준 소식 중 큰누나를 공격하지 않고 가만히 바라보고만 있었다고 해서 다 같이 기뻐했습니다. 그동안 큰누나는 햇님이가 몹시 예쁜데 자꾸 아프게 하니까 더 친해지지 못하고 가슴앓이만 해왔으니까요. 작은누나가 예쁘다고 쓰다듬어 줄 때 손가락을 깨물려고 들어서 "안 돼~"라고 말했더니 입에 뽀뽀를 해주는 햇님이! 정말 처음의 햇님이가 맞나 싶을 정도로 밝은 모습을 보여주었어요.

덕분에 기분 좋게 힐링을 마칠 수 있었습니다. 내일이 기대되기 시작했어요.

제5일

어제처럼 큰누나를 보고도 공격하지 않고, 청소기를 보고도 놀라지 않고, 신나게 놀고 잠도 잘 자는 하루였습니다. 덩치가 크고 힘도 좋은 아이다 보니 자기 기분에 취해 논다고 하는 것이 사람 입장에서 감당하기는 조금 버겁기도 해요. 햇님이가 점프해서 달려들면 가족들은 멍투성이가 되거나 벌러덩 뒤로 넘어질 때도 있다고 합니다.

이 날 햇님이는 신나게 놀기도 하고, 밖에서 개들이 짖는 소리에도 신경 쓰지 않고 잠을 잘 잤습니다. 그렇지만 한 번씩 과거의 기억들이 떠오르는지 누나를 공격하기도 하는 등 예전의 모습을 잠깐잠깐 보였다고 해요. 그래도 전체적으로 보면 정말 많이 안정된 모습으로 바뀌고 있었습니다. 조금만 더 사랑의 에너지를 보내주면 좋을 것 같았습니다.

제6일

다시 과외 선생님이 오는 날이었어요. 햇님이는 여전히 울부짖기는 했지만 그 소리가 첫날보다는 좀 덜한 느낌이 들었다고 했습니다. 그리고 낯선 사람(과외 선생님)에 맞서 작은누나를 지켜야 한다는 생각을 하는 것 같았답니다. 집 안에 가족 이외에 누군가가 들어오는 것을 굉장히 경계하는 모습을 보였답니다. 편안히 있어주면 더욱 좋긴 하겠지만, 햇님이가 이렇게 가족들을 지키려고 하는 것은 가족에 대한 애착이 생겼다는 좋은 징조이기도 했습니다.

이 날부터는 햇님이네 집 전체의 에너지를 정화하면서 햇님이 엄마도 함께 힐링을 해드렸습니다. 담당 힐러가 보호자의 몸 컨디션에 대해 느껴지는 대로 말씀드렸더니 신기하다며 놀라워했어요. 하긴, 우리도 하면서 늘 놀랍고 신기하니까요.

제7일

햇님이가 낯선 사람과 공간을 너무 두려워해서 미루고 가지 않던 병원을 건강 검진차 다녀온 날입니다. 다행히 육안으로 크게 이상 있는 부분이 없어 항문낭만 짜고 왔다고 해요.

역시나 외출을 감행하니 햇님이의 불안감이 매우 컸던 모양입니다. 오가는 길 내내 차 안에서 문을 걷어차고 엄마를 때리는 등 난리법석이었다고 해요. 엄마는 녹초가 되어버렸지만, 햇님이가 처음에 비해서 살도 찌고 좋아 보인다고 의사가 말씀해 주셨다는 기쁜 소식도 있었어요.

많이 불안하고 지쳤을 햇님이를 달래며 힐링을 시작했습니다. 힐링하는 동안에는 쾌활하게 돌아다니며 누나가 먹는 빵을 빼앗으려 쫓아다니기도 했다고 합니다. 자신감을 찾아간다는 뜻이니 바람직한 변화라고 해석되었어요.

제8~10일

밝아지고 자신감을 찾은 햇님이가 엄마가 하는 일들 하나하나에 다 간섭을 하고 마음껏 감정 표현도 하고 어리광도 부리게 되었답니다. 힐링은 날마다 비슷한 시간대에 진행되었어요. 힐링이 끝나고 나면 담당 힐러들과 보호자 사이에 한바탕 수다 시간이 이어졌습니다. 힐러들 중에는 햇님이처럼 학대받은 경험이 있는 아이를 반려하다 하늘로 떠나보낸 이도 있었어요. 공감대가 형성되니 더 많은 대화를 나누게 되었지요. 이런 과정들도 반려인의 마음이 치유되는 소중한 시간이라고 생각합니다.

이 날 수다를 떠는 중에 보호자가 보내준 사진 속의 햇님이 얼굴은 두려움이나 위축된 감정이 많이 걷히고 한결 밝아져 있었습니다. 햇님이의 표정이 달라진 것을 엄마는 물론 다른 가족들도 알아챌 수 있을 정도였어요. 햇님이가 앞으로 더욱 자신감을 찾아 밝아지기를 기원하며 수다를 마무리했습니다.

제11~12일

마지막 힐링 날이 다가오면서 햇님이는 엄마에 대한 소유욕이 좀 더 강해지고 질투심도 많은 아이가 되었습니다. '되었다'는 표현은 적절하지 않을지도 모릅니다. 사실은 원래도 그런 감정들을 가지고 있었지만 그동안에는 밖으로 표출하기가 쉽지 않아 그냥 울거나 공격하는 등의 과격한 행동으로 대신했던 것 같아요. 이제 햇님이는 그 자리에서 바로바로 자신의 감정을 드러내고 표현할 줄 알게 되었습니다.

마지막 힐링 때 햇님이는 생각지도 못했던 감동을 선물해 주었어요. 자기는 이제 충분히 받았다면서 가족들에게 힐링 에너지를 돌려주는 사랑스러운 모습을 보여주었답니다! 힐링 후 햇님이가 편안하게 다리를 쭉 뻗고 자는 모습에 다들 뭉클했지요. 누가 때리기라도 할 것처럼 얼굴을 가리고 자던 모습은 이제 찾아볼 수 없었어요.

마지막 힐링을 해준 힐러는 햇님이를 가만히 안아주는 모습을 힐링중에 보내주는 것으로 그동안 정들었던 햇님이에게 작별 인사를 했습니다. 힐링하는 동안 눈물이 계속 났다고 합니다. 돌아보니 그 사이 햇님이가 얼마나 달라졌는지 새삼 눈에 들어온 모습을 보고 다들 놀랐답니다. 우리는 그저 좋은 에너지를 보내주는 힐러일 뿐, 이 모든 것은 햇님이가 스

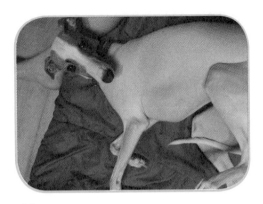

스로의 의지로 이뤄낸 변화입니다. 햇님이가 몹시 기특하고 사랑스러웠습니다. 아쉬운 마음을 뒤로하고 햇님이가 앞으로 더욱 행복하게, 마음껏 사랑받고 사랑하며 살게 되기를 기도하며 마지막 인사를 나누었습니다.

나중에 보호자가 햇님이의 안부를 전해주었어요. 현재 햇님이는 처음과는 확연하게 다른 밝은 모습으로 지내고 있답니다!

쿠싱 증후군과
싸우고 있는 순돌이

순돌이는 나이가 많은 노견이었습니다. 눈에 백내장도 심하고 귀도 잘 안 들리는데다 몇 개월 전 신장결석으로 갑작스런 수술을 받은 뒤로는 컨디션이 눈에 띄게 나빠졌다고 합니다.

힐링을 의뢰해 온 사람은 순돌이의 누나였습니다. 어머니가 장기간 여행을 떠난 뒤 순돌이의 상태가 갑자기 악화되었다고 해요. 쿠싱 증후군(부신피질 기능항진증) 진단을 받았는데 나이가 많고 워낙 체력도 약해 다른 정밀 검사나 적극적인 치료를 하기 어려운 상황이었습니다. 쿠싱 증후군에 걸리면 호르몬 수치가 많이 올라가는데 주로 나이든 아이들에게 발생합니다. 노환이라 간과하게 되면 합병증으로 생명이 위험할 수 있는 병입니다.

엄마가 여행을 떠나고 난 뒤 순돌이는 몸을 부들부들 떨고 비틀거리면서 잘 먹지도 못하는 등 불안해하는 모습이 역력했습니다. 엄마가 돌아올 때까지라도 순돌이가 버텨주어야 할 텐데 누나 혼자 감당하기에는 두렵고 너무 걱정이 돼 긴급 힐링을 의뢰해 온 것이지요.

바로 팀을 꾸려 힐링을 시작했습니다. 우선은 보호자가 밝은 생각을 가질 수 있도록 보호자에게 먼저 위로의 기운을 전했습니다. 반려인의 밝은 마음이야말로 아이들을 치유하는 데 큰 역할을 하기 때문입니다. 반려인이 슬퍼하거나 두려워하면 아이도 슬퍼하거나 두려워하며 의지가 약해지기 쉽습니다.

첫날 힐링을 통해 느껴진 순돌이의 상태는 양쪽 눈이 모두 시큰거리고 두통까지 있는 듯했습니다. 뒷발 쪽으로 힘이 들어가지 않는지 발바닥이 욱신거리는 느낌도 전달받았고요. 순돌이 누나의 말로는 눈이 너무 건조하고 눈곱이 끼며 뒷다리 역시 힘이 없어 자주 비틀거리거나 넘어진다고 해요. 쿠싱 증후군의 대표적인 증상 중에는 간이 비대해져 외관상으로 배가 부풀어 오르는 증상이 있습니다. 순돌이도 예외가 아니었는데 그래서인지 허리 척추에까지 무리가 온 듯 느껴졌습니다.

그래도 첫날 힐링할 때 엄마가 여섯 밤만 자면 오니까 힘내라고 전했더니 순돌이가 힘을 내며 적극적으로 레이키를 받아주었어요. 순돌이의 그런 의지를 보니 잘 버텨줄 것 같다는 희망이 생겼습니다.

힐링 시작 전부터 순돌이는 마음을 많이 내려놓은 듯 초연한 느낌이었습니다. 이대로 그냥 떠나도 아무렇지 않을 것처럼 마음이 가라앉아 있었어요. 하지만 힐링을 통해 엄마와 가족들이 순돌이를 많이많이 사랑해서 조금 더 함께 있고 싶어 한다고 전했더니 힘을 내보겠다고 대답했습니다. 가족들의 마음을 이해하고 노력해 주는 순돌이가 정말 기특했답니다. 아픈 순돌이 앞에서 밥 먹는 것도 미안했다는 순돌이 누나가 오늘 밤은 조금이라도 가벼운 마음으로 순돌이와 함께하기를 기도하며 첫날의 힐링을 마쳤습니다.

다음날이 되었습니다. 간밤에 순돌이 소식이 너무너무 궁금했어요. 그때 보호자가 반가운 소식을 전해주셨답니다! 요 며칠간 사료도 못 먹을 정도로 기운이 없던 아이가 어제 힐링을 받은 뒤 주방까지 따라와 간식을 달라고 졸랐다고 해요. 북어포 간식을 주었더니 무려 다섯 조각이나 먹었다고 합니다. 순돌이는 기운 내서 잘 먹고 버텨보겠다는 약속을 정말로 지켜주었어요.

동물들은 마음의 병이 깊거나 삶에 의지가 없을 때 식욕도 덩달아 사라집니다. 사람처럼 동물도 이런 경우에 식욕부터 줄어요. 마음 상태에 따라 몸이 즉각적인 영향을 받고 그 정도도 심하기 때문에, 식욕의 회복 여부는 힐링을 할 때 중요한 지표가 됩니다. 이제 한 차례 힐링을 했을 뿐인데 아이가 식욕을 찾다니, 항상 경험하는 일인데도 참으로 신기했습니다. 순돌이의 변화에 누나도 덩달아 위안을 받고 희망이 생겼다고 했습니다. 정말 행복했어요.

순돌이는 원격 힐링이 시작되면 딱 그 시간에 맞춰 마치 누군가가 불러서 깜짝 놀라기라도 한 것처럼 귀를 쫑긋한 뒤에 비로소 편안하게 휴식을 취했어요. 이렇게 아이들의 반응이 즉각적으로 나타나는 경우에는 반신반의하던 반려인들도 의심을 거두고 안심을 한답니다.

다음날에도 순돌이는 기특하게도 아빠가 주는 사료도 잘 먹고 배변 활동에 좋은 사과와 오이도 잘 받아먹는 등 활발한 모습을 보여주었습니다. 레이키 힐링에 대해 전혀 모르는 분들이 보기에도 힐링 전과는 사뭇 다른 모습이라 놀랐다고들 해요. 고름처럼 진득이 괴어 있던 눈곱이 줄고 건조하기만 하던 눈도 촉촉해졌으며 사시나무 떨듯 떨던 모습도 사라졌습니다.

힐러들에게 전해지는 순돌이의 몸의 감각들도 첫날보다 훨씬 가벼웠습니다. 오늘 내일중으로 떠나버릴 것만 같던 아이가 사료 봉지를 보면 저돌적으로 다가와 달라고 조르고 몸 상태도 이렇게 빨리 좋아지니 그저 놀라웠지요.

한 가지 재미있는 일이 있었어요. 예전 두리의 힐링 때처럼 보호자가 보기에 순돌이의 얼굴이 더 어려 보인다는 거였어요. 생기가 돌고 안색도 밝아진 듯 느껴진다고 했어요. 고양이들의 경우에도 힐링 후에 아이가 더 어려 보인다는 얘길 몇 차례 들었는데, 그때마다 보호자들이 "우리 애가 갑자기 잘생겨 보여요"라며 신기하다는 듯 반응을 보이곤 했지요. 동물들도 사람처럼 혈색이라는 것이 있다는 걸 새삼 느꼈습니다.

순돌이는 몸의 컨디션이 좋아지면서 계속해서 식탐을 부렸습니다. 식탐을 부리는 모습마저도 귀엽고 사랑스러웠어요. 순돌이는 가족들에게 그리 살가운 아이가 아니었습니다. 곁을 내주는 아이가 아니었지요. 그렇지만 가족들을 신뢰하고 사랑하고 있었어요. 힐링을 하면서 보니 특히 엄마에게 고마워하는 마음이 크게 느껴졌답니다. 지금까지 살아온 시간에 대해서도 후회 없고 편안히 여기며 만족해하는 모습이었어요.

순돌이 누나는 정말 다행이라며 기뻐했습니다. 늘 다른 아이에게 치여 스트레스받고 힘들어하는 줄만 알았던 아이가 이렇게 의젓한 모습을 보이니 감동했을 것입니다.

누나가 집을 비우고 순돌이가 아빠와 단 둘이 있는 날에는 따로 힐링을 시작한다는 말을 전하지 않은 채 힐링을 진행하면서 그냥 순돌이의 행동을 봐달라고만 부탁을 했습니다. 나이든 어른들 중에는 이러한 동물 힐링에 대해 이해시키기 어려운 경우가 많아 비밀로 하고 힐링을 받는 경우가 종종 있답니다. 순돌이는 신기하게도 힐링을 할 때면 자다가도 일어나서 돌아다니거나 시원하게 변을 보는 모습을 보여주었다고 합니다.

기다리기 지쳤는지 순돌이는 어머니가 오기 이틀 전쯤부터 다시 배변 상태가 좋지 않고 컨디션도 약간 나빠졌습니다. 그래서 병원에 데려가야 하나 보호자가 고민했는데, 워낙 병원 가기를 싫어하는 아이여서 병원에 데려가면 스트레스가 너무 클 것 같았어요. 우선은 어머니가 오면 함께 가보는 것이 어떨지 권해드리고 이틀만 더 힐링하면서 지켜보자고 했습니다. 컨디션이 떨어지니 다시 몸을 떨기도 하고 눈에 생기도 많이 사라졌다고 했습니다. 다시 힘내자, 순돌아!

그렇게 시간이 흘러 드디어 어머니가 돌아왔습니다. 순돌이는 엄마를 보자 멍멍 힘껏 소리 내어 짖는 등 기운찬 모습을 보였습니다. 그 모습을 보고 엄마가 감동해 눈물을 흘렸다고 해요. 그리고 우리에게도 감사 인사를 해주었습니다. 엄마가 올 때까지 아이가 힘을 낼 수 있어서 정말 다행스럽고 감사하다고요. 힐러들도 다들 감동해 눈시울이 붉어지는 순간이었지요.

순돌이의 감동적인 변화를 계기로 순돌이 누나는 레이키 어튠먼트를 받으러 오게 되었고, 지금은 아픈 동물들을 위해 헌신하는 열렬 힐러가 되었습니다. 순돌이의 힐링도 물론 직접 해주고 있지요. 힐러가 된 뒤 간혹 동물 병원에 갈 일이 있어 들르면, 병원에서 마주친 아이들이 먼저 품에 안겨오며 힐링을 해달라고 조르기도 한다고 합니다.

순돌이는 지금도 계속해서 투병중이지만 씩씩하게 잘 지내고 있습니다. 우리 순돌이에게 언제나 레이키의 빛이 함께하기를! 초쿠레이~

손도 발도 차가워요,
빈혈이 있는 시루

　시루는 이제 막 두 살이 된 수고양이입니다. 생김새도 개성 넘치지만 성격 또한 재미진 아이지요. 시루는 언제부턴가 화장실 바닥을 핥거나 흙 등을 먹기도 하는 이식 증세를 보이기 시작했습니다. 물을 매우 많이 마시는데도 털은 윤기를 잃고 푸석푸석했고, 높은 곳에서 엄마를 내려다보기 좋아하던 아이가 늘 앉던 자리를 밑에서 쳐다보기만 할 뿐 올라가지 못하고 돌아서는 모습을 보며 엄마는 눈물이 났다고 했습니다.

　물을 많이 먹고 살이 빠지는 것이 당뇨나 신장 계통의 문제일 수 있다는 의사의 진단에 따라 검진을 받아보기도 했으나 별다른 문제는 발견하지 못했다고 합니다. 하지만 혈액 검사에서 혈구가 기준치의 절반밖에 되지 않고 코와 발바닥이 창백한 것이 심한 악성 빈혈 때문이라고 해 철분제를 꾸준히 복용하고 있었습니다.

처방받은 철분제와 빈혈약을 먹이면서 그런 대로 컨디션을 찾아가는 것으로 보였으나, 최근 2주간 너무 기운 없이 늘어져 있어서 걱정이 된 보호자가 힐링을 신청해 왔습니다. 힐링을 시작할 때 시루 엄마가 가장 걱정했던 증상은 한 번씩 심장 박동이 엄청나게 빨라지는 것, 코와 발바닥이 창백한 것, 힘없이 늘어져 있는 것 이렇게 세 가지였습니다.

서둘러 힐링 팀을 짜고 일정을 잡아 힐링을 시작했습니다. 힐러들이 용기를 갖고 함께 이겨내자고 먼저 시루 엄마부터 격려를 해주었어요. 그리고 혹시 시루만 힐링하면 질투할지도 모르는, 아니 성향으로 볼 때 질투하고도 남아 보이는 한 배 태생의 여자아이 대추도 함께 힐링을 하기로 했습니다. 두 명의 힐러가 한 조가 되어 시루를 중점적으로 힐링하고, 보조적으로 대추와 다른 가족들을 힐링하는 방식으로 6일간 진행했습니다.

첫날의 힐링은 시루가 별다른 움직임 없이 푹 잠을 자는 상태로 시작을 해서 마무리까지 그런 모습으로 마쳤습니다. 시루 엄마는 시루가 처음에는 웅크리고 경직된 모습으로 자고 있었지만, 힐링 중반부터는 몸이 이완되어 풀어지듯 늘어져서 잤다고 전해주었습니다.

이 날 담당 힐러가 느낀 시루의 상태는 굉장히 기운이 없는 모습이었습니다. 에너지의 흐름도 몸 전체적으로 균형이 맞지 않아서 이를 조절할 수 있도록 힐링을 해주었습니다. 또 가슴 쪽에 압박감이 느껴졌는데, 높은 심박동이 가슴 쪽의 이 통증과 연결되어 느껴졌습니다. 손발에 피가 돌지 않을 때처럼 저린 느낌도 동반되었고, 몸 안의 혈액을 순환시키는 데 에너지가 필요하다 보니 시루가 움직이는 데 쓸 에너지가 많이 부족한 것으로 느껴졌습니다.

다행히 시루는 처음에는 조금 거부감을 보이는 듯했지만 이내 강한 회복 의지를 보이면서 힐링을 잘 받아주었습니다. 첫날 느껴진 시루의 여러 증상들이 마지막 날에는 모두 추억으로 남게 되길 바라면서 힐링과 대화를 마쳤습니다.

시루한테는 피가 나서 딱지가 질 정도로 피부를 긁는 증세도 있었습니다. 교감을 통해 왜 그러는지 물어보자, "이유는 나도 몰라. 그냥 너무 간지러워서 짜증이 나"라는 대답이 돌아왔습니다. 궁금하던 차에 시루 엄마가 어떤 자료를 찾아보니 빈혈의 합병증으로 피부 발진이나 가려움이 있다고 해서 우리도 새로운 사실을 알게 되었습니다.

시루의 증상들이 빈혈에 따른 것일 수도 있다는 단서들이 발견되자 이식증에도 생각이 미쳤습니다. 그간 상담 사례들을 보면, 이식증 증세를 보이는 고양이들에게 왜 흙을 먹느냐고 물어보면 한결같이 "차가운 것을 핥고 싶어!"라거나 "흙을 먹으면 몸에 좋은 것을 먹을 수 있어!"라고 대답했습니다. 본능적인 끌림에 의해 흙을 먹는다는 것이었지요.

자료를 뒤져보니 흙에는 철분이 함유되어 있다는 사실을 확인할 수 있었습니다. 정말 신기하고 또 신기했어요. 동물들이 자기 몸에 필요한 성분들을 섭취하는 본능을 가지고 있다니 얼마나 기특한지요. 차가운 것을 원하는 이유는 아직 정확히는 모르겠습니다. 다만 빈혈이 있는 아이들에게서 이식증은 흔히 보이는 증상이기에 참고하면 좋을 것 같아요.

두 번째 날, 겉보기에는 크게 달라진 것이 없었습니다. 여전히 잠을 많이 잤고 낮에도 좋아하는 황태를 달라고 주방에 쫓아온 것 외에는 딱히 다른 변화가 없었다고 해요. 다만 힐링중에 힐러가 느낀 시루의 기분은 기력이 없어 늘어진 것이 아니라 힐링을 받아 나른하고 편안해진 것으로 느껴졌습니다. 첫날 느껴졌던 가슴의 압박도 많이 가라앉아 있었고요. 그러나 간지러움은 여전했습니다. 여기저기 긁어서 딱지가 진 상태였고, 힐링을 하고 나면 힐러들이 몸에 열이 오르면서 열꽃이 피는 경험을 할 정도였으니까요.

다음날, 힐링 시작 전에 보호자에게 먼저 시루의 상태가 어떤지부터 물어보았습니다. 시루 엄마는 "우리 시루가 잘생겨 보이기까지 해요"라고 했는데, 힐링을 할 때 꽤 많이 듣는 소리지만 들을 때마다 늘 재미있습니다. 표정이 한결 편해졌고 컨디션도 나아 보였대요. 다만 피부 가려움증이 심해 자꾸 긁는 통에 급한 대로 사람 피부약을 10분의 1 정도 먹였다고 했습니다.

얼마나 딱했으면 그랬을까요? 충분히 이해는 하지만, 사람이 먹는 약을 동물에게 먹이는 것은 매우 위험한 일입니다. 사람이 먹는 약은 보통 한 알이 사람 몸무게로 60킬로그램을 기준으로 해서 나오기 때문에, 10등분을 했다 해도 일반적으로 3~6킬로그램 정도 나가는 고양이들의 몸무게를 생각하면 과한 편입니다.

복용량을 정확히 맞춘다 하더라도 꼭 위장관 보호제와 같이 복용하도록 해야 합니다. 특히 고양이들은 사람과 달리 간에 유해 성분을 해독하는 능력이 거의 없기에 더 주의가 필요합니다. 사람 약과 동물 약이 혼용

되는 경우가 물론 없는 것은 아니지만, 그렇다 해도 동물 병원에서 안전하게 처방받아 먹이기를 권합니다.

이런 점을 얘기하니 보호자도 이해를 했습니다. 시루는 며칠 더 지켜보다가 가려움 증상이 계속 심하면 병원에 가서 처방을 받기로 의견을 모았습니다.

그 외에는 활동량도 확실히 눈에 띄게 늘고, 힐링 중간중간 그루밍을 많이 하는 모습을 보였다고 합니다. 그러잖아도 가려움증이 심한데 힐링 에너지가 흐르면서 간질간질한 느낌이 더해져 더 괴로웠던 것이 아닌가 싶었습니다. 그래도 조금만 참아보자, 시루야.

힐링이 나흘째로 접어들었습니다. 시루는 컨디션이 아주 좋아 보였습니다. 보호자는 긁어서 생긴 생채기들이 눈에 띄게 회복되고 있다고 했습니다. 이 날 시루는 에너지를 쫙쫙 빨아들여서 힐러들 사이에서 '뱀파이어 시루'라는 별명을 얻게 되었습니다. 낫겠다는 의지도 강하고 차곡차곡 변화도 일어나고 있어서 참으로 다행이었어요. 다만 빈혈로 인한 어지럼증은 여전한 듯했고, 그래서 높은 곳에 올라갈 엄두를 못 낸다는 사실을 알게 되었습니다.

힐링이 거듭될수록 시루의 상태는 좋아졌습니다. 가장 편할 때 보여주는 자세들도 오랜만에 보여주고, 힐링중 느껴지던 가려움도 한결 덜해졌습니다.

힐링을 마칠 때쯤 보호자도 그런 내용을 확인해 주었어요. 시루가 욕실 바닥을 핥는 행동과 몸을 긁는 행동이 눈에 띄게 줄었고, 만사 귀찮은 듯 늘어져 있던 모습도 많이 사라졌다는 거예요. 가슴의 통증은 빈혈과

🐾 편할 때만 취한다는 시루의 자세. 힐링이 끝나갈 무렵 시루는 오랜만에 이 자세를 보여주었다.

다소 관련이 있으리라 짐작될 뿐 정확한 원인을 알 수 없었는데 다행히도 그 역시 점차 줄어들었고, 심장의 박동수는 아직 약간의 기복이 있는 것으로 느껴졌습니다. 이런 증상은 병원에서 정밀 검사를 해봐야 정확한 원인을 알 수 있을 것입니다.

6일간의 힐링이 마무리되던 날, 시루는 첫날과 비교해 크게 좋아진 모습으로 모두를 기쁘게 해주었습니다.

힐링을 마친 다음날, 시루 엄마가 기쁜 소식을 전해왔습니다. 시루가 정말 오랜만에 장난감에 반응을 보이면서 잡으려고 앞발을 휘두르는 등 놀려는 의지를 보였다고 해요. 이런 모습을 보면 며칠 내로 뛰고 날아다닐 것만 같다고 했습니다. 늘 차갑던 코와 발도 확실히 따뜻해지고 예전만큼 창백하지 않다는 이야기도 함께 들려주었고요.

사흘쯤 뒤에 보호자는 한 가지 소식을 더 전해주었어요. 시루가 예전에 자주 올라가던 높은 책장 위에 제 발로 올라가 앉아 있다는 것이었어요! 강한 의지로 기적 같은 회복을 보여준 시루에게 모두들 감동했고 감사했습니다. 레이키 힐링이 자가 치유력을 높여 빈혈도 이겨낼 수 있도록 돕는다는 사실을 깨닫게 해준 놀라운 경험이었어요. 연구 자료에서 레이키가 적혈구 생성을 돕는 효과를 발휘한다는 내용을 읽은 적 있지만, 직접 경험해 보니 그 효과가 더욱 실감나게 와 닿았어요. 빈혈로 고생하는 다른 많은 아이들에게도 앞으로 인연이 닿아 치유의 에너지를 전해줄 수 있기를 바랍니다.

시루가 지금의 컨디션을 오래오래 유지하며 잘 지내기를 레이키 빛으로 축복합니다.

발가락이 부러졌어요,
천사같이 밝은 앵두

앵두는 네 살이 된 요크셔테리어입니다. 예전에 교감을 통해서 만난 적이 있는데, 더없이 밝은 성격으로 교감 내내 나로 하여금 엄마 미소를 띠게 하던 기억이 납니다. 어느 날 보호자가 앵두에게 힐링이 필요하다 며 급히 의뢰를 해왔어요. 엄마가 베고 자는 무거운 메밀베개를 떨어뜨 리면서 아이의 발가락뼈 네 개가 골절되었다는 것이었습니다.

'아이고, 보나마나 넘치는 에너지를 주체 못하고 뛰어놀다 그랬겠구 나'라는 생각과 함께 앵두의 장난스런 모습이 떠올라 그만 웃고 말았어 요. 힐링을 시작할 당시 앵두는 응급 처치를 받아 깁스를 하고 있는 상태 였습니다. 수술을 할 수도 있지만 아이가 힘들어할 것 같아 뼈가 자연적으로 붙기를 기다려보자는 의사의 말을 따른 것이라고 합니다.

이럴 때만큼 레이키가 도움이 되는 때가 또 있을까요? 실험을 통해 과학적으로 증명된 레이키의 효과 중에는 골절된 뼈를 빠르게 붙여주는 효과도 있습니다. 그래서 골절 환자들은 제대로 뼈를 맞추어 깁스를 하기 전에는 섣불리 힐링을 하지 않기도 하지요. 그렇게 앵두의 힐링이 시작되었습니다.

워낙 밝은 앵두는 깁스를 한 것 말고는 달리 문제될 것이 없는 아이였습니다. 엄마와의 유대감이 더없이 깊었고, 엄마가 슬플 때면 와서 핥아주며 위로도 해주니 딸 열 명이 부럽지 않은 예쁜 아이였어요. 말썽 한 번 부리는 일 없고요. 깁스를 한 다리를 어정쩡하게 들고서 세 다리로 깡충깡충 엄마가 가는 곳은 어디든 따라가는 앵두가 어찌나 귀엽고 예쁘던지요.

앵두의 첫 힐링은 순조롭게 진행되었습니다. 앵두는 깁스한 다리로 인해 온몸이 긴장된 듯 근육들이 경직되어 있는데다 배에는 가스가 차는 느낌이 들었어요. 깁스의 영향으로 몸을 균형 있게 쓰지 못하니 다른 쪽 뒷다리에 약간 무리가 가 있는 느낌이 힐링중에 전해져 왔습니다. 앵두 엄마의 말로는 앵두가 다리를 잘 못 써서 매일같이 나가던 산책을 못 나가니 배변을 제대로 못해서 변비 증상이 생겼다고 했습니다.

6일 내내 힐링을 진행하는 시간이면 앵두는 기분이 좋다는 느낌을 마구마구 보내주었습니다. 그 시간에 실제로 엄마에게 계속 뽀뽀를 한다거나 핥아주는 등의 행동을 격하게 보여줬다고 해요. 심지어 이 좋은 기분을 엄마와 함께 느끼고 싶다면서 힐러에게 엄마에게도 똑같이 에너지를 보내줄 수 없겠느냐는 말을 하기도 했답니다. 아주 귀엽고 사랑스러운 앵두였어요. 다리를 다쳤음에도 아이의 행동이나 움직임이 너무 커 아무래도 걱정이 돼 조금 자제시키면 좋을 것 같다고 보호자에게 권해드렸어요. 하지만 웬걸, 힐링을 받고 난 후 앵두는 더 기분이 좋고 활기가 넘쳐 그 다리를 하고 베란다며 거실이며 온 집안을 휘젓고 다니는 통에 다들 웃음이 끊이지 않았답니다.

두 번째 날 앵두는 깁스한 곳이 잘 아물고 있는지 확인하기 위해 병원에 다녀왔어요. 엑스레이를 찍어보니 염증 없이 아주 잘 아물고 있다고 해서 다들 기뻐했지요. 뛰고 싶은 대로 실컷 뛰도록 두어도 좋다는 병원의 허락을 받았어요. 병원에 간 앵두는 오랜만에 산책이라도 나가 애견 카페라도 들른 듯 신나게 뛰어다니며 여기저기 밝은 에너지들을 내뿜고 돌아왔답니다.

그런데 이 날 돌아오는 택시 안에서 강아지를 동반했다는 이유로 기사가 고함을 질러서 앵두가 많이 놀랐다고 했습니다. 힐링을 하면서 찬찬히 살펴봤지만 다행히 그런 좋지 않은 일은 잊어버린 듯했어요. 여전히 발랄하고 즐거운 앵두의 기분만 느껴졌습니다.

힐링을 받으면서 앵두는 연신 누군가 찾아다닐 때 하는 행동을 보여줬다고 합니다. 힐링 에너지를 받는 아이들 중에는 이렇게 앵두처럼 어디서 이런 것들이 오는지 궁금해서 두리번두리번하고 찾아다니는 아이들이 심심찮게 있답니다.

앵두의 머릿속에는 어쩜 이렇게 밝고 재미있는 기억만 있는지 모르겠습니다. 엄마와 노는 모습, 다른 강아지들과 즐겁게 뛰노는 모습이 가득

했어요. 보호자의 사랑과 정성 덕분이겠지만, 앵두는 더없이 밝고 따뜻한 성격을 지니고 있었어요. 앵두 엄마도 힐링을 받으면서 아이가 확실히 더 활발해지고 에너지가 넘치며 잘잘 때도 훨씬 편안하게 잔다며 좋아했습니다.

세 번째 날에는 앵두가 평소보다는 조금 의기소침해져 있다는 소식을 받았습니다. 워낙에 행동이 크고 즐거움이 많은 아이라 조금의 변화도 티가 크게 났어요. 창밖만 바라보고 움직임이 줄었다고 했어요. 무슨 일일까 걱정이 되어 보호자가 병원에 데려갔더니 먹는 것에 비해 배변이 시원찮으니 관장을 하라고 했답니다. 그래서 그렇게 몸이 처져 있었나 봅니다. 아, 앵두는 뭔가 기분이 처지는 이유도 다른 아이들과 다르게 귀여웠습니다. 앵두의 쾌변을 기원하며 힐링을 진행했습니다. 낮에 관장을 하고 와서 그런지 좀 살 만해 보였고, 엄마에게 다시금 뽀뽀를 하기 시작했습니다.

그 후 사흘 더 힐링을 받으면서 앵두는 빠르게 호전을 보였고, 점차 아프기 전의 상태로 돌아갔습니다. 엄마의 밝고 따듯한 성격을 고스란히 닮은 앵두, 그리고 앵두에게 사랑을 듬뿍 쏟아주던 앵두 엄마 덕분에 우리 힐러들도 실컷 웃고 함께 힐링받은 시간들이었습니다.

아래는 앵두 엄마가 힐링 기간중 매일매일 기록한 일기입니다. 밝고 재미난 앵두의 모습이 한가득 담겨 있어 여기에 소개합니다.

앵두 엄마의 첫 번째 일기

앵두가 오른쪽 발가락이 골절돼 레이키 힐링을 신청했다. 조금 더 활발해진 모습이 눈에 띈다. 세 발로 다니기 시작하고 몸도 살이 쪄 아마 오른쪽 뒷다리가 아파올 거란 직감은 했다. 역시 오른쪽 다리와 긴장한 듯한 몸 상태, 근육 뭉침, 오른 어깨 뭉침 등 골절로 인한 스트레스가 앵두의 몸 균형을 흐트린다고 말씀하셨다.

레이키 힐링 직후 앵두는 폭풍 뽀뽀를 20여 분 동안 했다. 그 후 베란다까지 가서 여기저기 냄새를 맡으며 여유를 부렸고, 지하 주차장에 가서 10여 분 정도 산책을 하고 왔다. 그 후 또 놀아달라고 뛰어다녀서 역시 레이키 힐링 덕분에 좀 더 활발해진 게 분명하다는 생각이 들었다. 그 후 앵두 마사지를 조금 해주고 앵두와 낮잠을 잤다. 응가도 시원하게 했으면 좋겠다고 바라본다. 출근 준비를 하는데 다친 후 처음으로 안아달라고 보채서(늘 하던 행동) 흐뭇했다.

퇴근 후 집에 와서 앵두를 보니 그 다리로 소파까지 올라간 듯하다. 정말 '얌전이'라는 말은 앵두에게 어울리지 않는다.

밤 산책을 나갔더니 세상에…… 날아다닌다. 감동!! 병원에서 앵두 많이 움직이는 거 이미 아셔서 꼼꼼히 밴딩했다고 했으니 마음 편히 먹고 우리만의 산책을 즐겼다. 아…… 응가도 예쁘게 한다. 풉!! 돌아와 앵두랑 폭풍 수면을 취했다.

달라진 점…… 뻣뻣하게 굳은 몸이 돌아왔다. 놀란 직후 앵두가 잠을 편히 못 잤는데(자다가도 이리저리 왔다 갔다 함) 폭풍 수면 하신다.

앵두 엄마의 두 번째 일기

앵두의 상태 점검을 위해 병원을 갔다 왔다. 요 녀석 어디든 데리고 다

🐾 깁스를 한 상태에서도 마냥 밝고 천진한 모습의 앵두

녀서 그런지 병원인지도 모르고 같이 가자고 보챘다. 너무 귀엽지만 넌 속은 거다! 놀러 가는 거 아닌데.

앵두가 두 발로 서서 친구들한테 달려가더니 엄마 품에 안겨 있는 친구를 내려달라 한다. 여긴 병원이다. 앵두야, 진정하거라. 다들 나름 아파서 병원에 방문했을 텐데 앵두가 모두에게 큰 웃음을 준다. 아고…… 내 새끼!!

병원장님께 끌려 들어가는 앵두. 긴장한 모습이 보인다.

엑스레이도 찍고 염증 여부 검사와 깁스 교체 등을 위해 진료에 들어갔다. 아~ 너무 얌전한 앵두…… 그 모습은 나에게 너무 낯설고 웃긴다.

다행히 그리 날뛰고도 뼈는 너무 예쁘게 자리 잡았고 염증도 안 생겼다 하신다. 일주일 후 오라고 항생제도 사흘치만 처방해 주신다. 예후가 아주 좋다 하신다. 아까 뛰어다니는 앵두를 보고는 녹용을 먹이라고 진지하게 말씀하신다. 이미 먹어요.(차마 말 못함.)

집에 오는 길에 택시 아저씨 고래고래 소리치면서 개를 태웠다며 욕하고 난리나셨다…… 욱 했다. 근데 앵두가 떨면서 무서워하는 모습을 보이기에 꾹 참았더니 심장이 벌렁벌렁하는데, 앵두도 같이 심장이 벌렁벌렁하는 것을 보니 더욱 화가 났다. 그래도 앵두에게 귓속말하며 앵두에게 화난 거 없다고, 앵두 귀엽고 예쁘다고 말해주었는데, 이미 마음이 상한 건지 집에 와서 베란다 문지방에 누워 그 쪽으로 고개를 돌려버렸다. 힐링 때 힐러에게 앵두가 놀랐다고 미리 말하고 달래달라고 부탁했다.

다행히 레이키 힐링을 좋아하는 듯하다. 끝나고 다시 내게로 다가온다.(요것이 나를 들었다 놨다 한다.)

힐링받는 내내 앵두가 기분이 좋아서 그러는 건지 그 이유를 모르겠으나 두리번대며 누군가를 찾는다. 정말이지 너무 웃긴다! 난리가 났다! 침대 밑에 당연히 없지, 현관에 나가도 당연히 없지, 두리번대고 찾느라 정신이 없다.

그리고 앵두 한숨 푸욱 자고 나더니 코끼리 인형으로 놀고 싶단다. 기분이 정말 좋은지 밥도 못 먹게 한다. 좋냐?? 나도 좋다!

어제보다 더 신나한다. 꼬리를 선풍기처럼 돌려댄다. 깁스한 다리로 나를 밟고 다니는 앵두, 밟고 다니는 게 또 재미있어서 좋은 나. 당연히 자기 자리라는 듯 내 배 위에 올라와서 폭풍 뽀뽀 후 시크하게 내려가 버렸지만, 좋다 좋아!! 평소 모습을 자주 보여줘서 감동이다.

어제보다 소변 양은 줄었다. 물 많이 먹어야 하는데 조금 걱정스럽다. 물을 덜 먹는다. 어제는 엄청 먹던데…… 레이키 후 앵두는 수면 양이 늘었다. 많이 자야 낫지~ 앵두랑은 뭘 하든 정말 즐겁다.

앵두 엄마의 세 번째 일기

이른 아침(앵두에겐 숙면하는 시간)에 앵두의 레이키를 한다 하셔서 앵두가 어떻게 받아들일지 궁금하다. 힐링을 받은 뒤로 평소보다 잠이 많아진 요즘이라 일어날 수 있을까 걱정이다.

힐링을 시작하자 앵두는 자다 깬 것처럼 눈이 또 묘하다. 일부러 안 보는 척하고 있었는데, 앵두가 배를 뒤집은 채로 마치 힐러가 실제로 옆에 있기라도 하듯이 만져달라고 뒷다리를 허공에 차고 있다.(아침부터 혼자 너무 웃었다.)

여유가 생긴 듯한 모습을 보니 적응력 하나는 진짜 좋은 거 같단 생각이 든다.

그러더니 앵두가 베개로 올라와서 배를 뒤집어주신다. 앵두에게 배 뒤집기란 복종의 의미가 아닌 만지라는 의미이다. 앵두가 가진 그다지 유용하진 않은 유일한 개인기―"앵두 치대!!!" 이러면 배를 발라당해주신다.

힐링이 끝나고 난 뒤 기분 좋게 눈을 지그시 감더니 바로 코 골고 잠들어 버렸다.

다음날 갑자기 하염없이 밖만 보고 있다. 짠하다. 요 며칠 걷는 데 어느 정도 익숙해진 듯하더니 역시나 불편하긴 한 건지 아니면 예전 산책을 그리워하는 건지 묘한 느낌을 보낸다.

비장의 무기 연어 큐브를 들고 앵두를 유혹해 본다. 당연히 빛의 속도로 날아온다. 그리 좋아하는 산책을 이렇게밖에 할 수 없어서 미안하다고, 얼른 낫자고 말해보지만 뭔가 편안해하면서도 오늘은 살짝 침체된 느낌의 앵두이다.

산책을 못 나가 절망하는 듯한 앵두이다. 기본 하루 두세 번은 산책하고 그 중 한 번은 꼭 한 시간 넘게 해왔는데 그러지 못하다 보니 스트레스가 안 쌓일 수 없다. 베개 관리를 못해서 앵두를 다치게 한 내가 밉다. 요즘 땅도 젖어 있고 해서 10여 분 만에 끝내는 이 산책이 앵두에겐 받아들이기 힘들 것이다. 나가주지도 않고 나갔어도 금방 끝나는 산책······ 나가자고 보채는 것을 느끼지만, 자기의 뜻이 받아들여지지 않아 더 힘들 것이다.

힐러가 "나중에 산책할 수 있다"고 설명해 주셨다고 하니 그나마 다행이라 여겨진다. 앵두에게 밝은 에너지, 힘찬 에너지가 느껴져서 좋다 하셨다.

막내딸 아님 외동딸 느낌의 앵두. 레이키 힐링에 대해 모르는 나도 앵두가 밝고 착한 아이 같다고 느껴진다.

오후 3시, 출근 시간을 조금 미루고 결국 앵두랑 산책을 간다. 절대 후각 앵두 양······ 얼마 걷지 못해도 그 사이 모든 냄새를 맡겠단 의지로 열심히 킁킁거린다.

밖에 나가도 안겨 있는 시간이 더 많은 앵두지만(땅이 젖어 앵두가 안아 달라 함), 돌아와서는 혹시나 계속 걸은 한쪽 다리가 아플까 싶어 조물조물 마사지를 잠깐 해주고 나니 맛있게 식사를 한다. 안 먹는다며 금식 선언할 땐 언제고 간식 올려주니 설거지까지 하듯이 먹었다. 이러니 내가 너한테 못 당한단 소릴 듣는 거다.

레이키 힐링 후 평상시 모습을 찾아가고 있는 것을 발견한다. 스스로 안심하게 되는 것 같다. 오늘 심기가 나름 불편하신(심심하신) 앵두라서 걱정스럽다. 배앓이를 하는 듯이 배에서 폭풍우 같은 소리를 내기도 하더니, 앵두가 잠을 못 자고 서성이고 있다. 오늘 왜 그러는 거야??

앵두 엄마의 네 번째 일기

앵두가 걱정이 되어 병원에 왔다. 병원 도착과 함께 신났다 신났어!! 앞으로 자기한테 뭔 일이 생길 줄 알기는 아는 거냐? 애들한테 놀자고 뛰쳐나가는데 어젯밤에 헥헥거리고 끙끙거리고 아픈 거 맞냐? 진료 후 바로 사진을 찍자 하셔서 겁부터 났는데, 다행히 큰일은 아니고 응가가 위까지 차고 가스가 뿌옇게 차서 그런다고…… 첫째 날 힐러가 말씀하셨을 때 그때 여쭈어볼 걸 후회했다.

관장을 하고 나서 병원장님 말씀, 유산균 좀 먹여보라고 하신다. 보라고, 얼굴 표정이 달라지지 않았냐고, 이젠 편안해 보인다며 웃으신다. 원체 앵두가 건강해서 다른 데 이상이 없을 줄 아셨다고. 뼈 종류 간식은 한 달 정도 보류하라며 당부하며 자꾸 웃으신다.

응가, 이거 어떡하면 좋으니? 너한테도 나한테도 평생의 과제인 듯하다. 꼭 배변 훈련을 다시 시켜야겠다. 전문가의 힘을 빌려서라도 말이다. 훈련소 소장님께 전화해야겠다. 어여 다리 낫기만 해봐라~

집에 오니 "엄마 배고파 이제!!"라며 뛰어다닌다. 아, 신나셨네~ 우리 간밤에 잠도 못 잤잖아. 다크서클이 진짜 턱밑까지 왔다. 냉장고 문을 열고 먹을 것을 꺼내놓으니 "이게 다야?? 아니잖아. 나 고생했는데"라는 표정으로 그릇을 뒤로한다. 연어 큐브를 또 올려준다. 네가 먹은 연어만 해도 한 트럭은 되겠다!!

이제 누워서 힐링 타임 기다리자며 앵두 안고 침대로 올라간다. 레이키 힐링, 내가 받고 싶다. 앵두 좋단다! 뽀뽀하고 난리 났다. 나도 좋다. 앵두가 레이키 힐링받으러 준비하는 건지 다른 곳으로 이동~ 기분이 매우 좋아 보인다.

어제까지 힐링이 끝나면 바로 나한테 오더니 오늘은 그냥 자리 잡고 9분 정도 코 골고 주무시다가 온다. 이제 살 만한가 보다. 힐러가 기분 좋게 힐링했다고 하신다.

앵두는 힐링 후 꼭 한숨 자는 거 같다. 좋은 에너지가 앵두를 편하게 하는 거 같아 좋다. 힐링 직후엔 어떤 장난을 해도 받아줄 것 같다. 발가락으로 앵두 꼬리를 잡아당겨도 용서할 것 같은 느낌이다. 그런데 왜 자꾸 난 머리가 지그시 아플까?? 요때만 그런 것이 아니고 힐링 직후, 그 후에도 지끈한 이 느낌이 도대체 뭘까? 의문이다.

앵두는 힐링하면 너무 편해서 퍼질러 자는 느낌인데…… 너무 궁금해서 결국 여쭈어보았다! 앵두가 힐링받으면서 나도 같이 힐링 에너지를 느끼는 거라신다. 너무 신기하고 묘하다!! 옆에 있을 뿐인데 너무 신기함. 기분 좋게 한숨 자고 코 골고 다리 파닥거리고 무슨 꿈을 꾸는지 대충 알 것 같다.

앵두가 잠에서 깨자 앵두와 함께 밖에 나간다. 다리 깁스하고 산책 다니는 건 우리만이 아닐 거야 하고 스스로 달래면서…… 깁스한 뒤로 두 번째 저녁 산책이다. 앵두가 날뛴다. 전생에 망아지였나 보다. 세 발을 하고서도 속도를 빨리 했다 천천히 했다, 오늘은 스트레스가 좀 풀린 거 같다. 진짜 잠이 많이 늘었다. 이렇게까지 자는 거 애기 때 말고 오랜만에 보는 것 같다.

힐링 후 뭔가 변화했다고 느끼는 것은 앵두가 참 편안해한다는 것이었다. 평온한 나날이다. 뭔가에 놀라고 겁먹고 그런 느낌이 사라졌다. 예전과 같은 모습으로 많이 돌아왔다. 부비고 사랑해 달라 하고…… 정말 감사하다.

앵두 엄마의 다섯 번째 일기

매일이 같을 수 없는, 바람 잘 날 없는 우리 집, 가지가 많은 것도 아닌데!! 앵두 몸 상태는 나랑 비례하는 듯하다. 결국 몸살감기가 찾아왔다. 목소리 힘도 없고 하다 보니 앵두 역시 그런 것 같다. 힐링 직후 코 고는 듯한 소리를 내며 눈을 뜨고 있어 놀랐는데 내게 흰자위를 보여준다. 뭔가 불만이 있는 듯하다.

힐러 말씀이 깁스도 답답해서 풀고 싶어 하고 뭔가 산만하다고 하셨다. 아무런 힘이 못 돼 미안하다. 감기 한 번 걸린 적도, 어디 심하게 아파 본 적도 없는 너에게는 큰 시련인 듯싶다. 어디 안 좋아도 그 다음날이면 언제 그랬냐는 듯 즐겁게 지내왔으니……

힐러가 많이 달래주셨다 한다. 어디 아픈 게 있어서가 아니라고, 조금만 더 깁스하고 있으면 나을 거라고. 의기소침할 필요 없다고 말이다.

그 말이 하고팠던 내 마음까지 헤아려주셨던 걸까? 앵두가 힐링 30분

후에나 팔에 감겨온다. 어차피 올 거 빨랑 오거라. 앵두가 갑자기 혼자 난리 났다. 원래 애교가 많긴 한데 더더욱 치댄다. 자기의 요구 사항을 들어달란 의미인지도 모르겠다. 일단 밥 먹고 산책 나가기로 했다.

여기도 내 땅 저기도 내 땅이라며 마킹을 정말 열심히도 한다. 응가가 나올 듯했는데 응가 역시 못했다. 산책 후 아까 먹는 둥 마는 둥했던 맘마도 거의 다 먹었다. 역시 나가고 싶었던 것이다. 조물조물 아로마 마사지도 조금 하고 나도 하고!!

우리 앵두에게 가장 필요한 것이 뭘까? 고민스런 하루다. 엄마가 끙끙 앓으니 쓰윽 자기 등을 붙여주는 따뜻한 앵두. 어떻게 너를 사랑 안 하겠니? 얄미울 때도 이쁜데 이렇게까지 하면 감동까지 받잖아!!

앵두 엄마의 여섯 번째 일기

오늘 앵두는 깁스 풀고 싶은 마음을 짜증을 섞어 표현한다. 배에 올라와선 자기 다리 보라며 깁스한 다리만 내 얼굴에 떡하니 올려놓았다.

"미안해~ 어떡해? 이미 일어난 일, 다시 이런 일 안 생기게 할게"했던 말 하고 또 하고 그럼 내려간다. 알아들은 거냐? 그래도 엄마가 감기 걸렸다고, 심하게 보채지 않는 앵두, 아플 땐 기똥차게 알아차리고 안 건드린다. 약기운에 숙면을 취하니 옆에서 한술 더 떠서 코를 골면서 잔다. 정말 웃긴다.

앵두 마지막 힐링을 시작한다 하신다! 앵두를 깨워두고 작은방에 갔다. 평상시라면 엄마 뭐하냐며 자기도 좀 알자고 오지랖 떨 텐데 힐링할 땐 옆에 오지도 않는다.

끝났다 해서 소소하게 담소 나누며 앵두에게 갔더니 흰자위! 흰자위를 보여주며 짜증을 낸다. 깁스 오래하게 될 거라고 전해달라 했더니 또 삐진 것이다. 아이고 어쩌라고, 발가락은 붙고 봐야지!!

감기 몸살로 내가 병원을 가는데 앵두를 유모차에 태우고 갔다. 밖에서 잠시만 대기하라 해놓고 주사 맞고 10분도 안 걸렸는데, 이산가족 상봉하듯이 애틋하게 군다. 얼굴 보는 걸로 안 된다며 일단 한번 안고 내려달라 해서 예쁘게 잘 기다렸다고 칭찬해 주고, 집에 그냥 가려고 했더니 걸어간단다. 추워 죽겠는데.

집에 도착 후 마사지 조물조물 해줬더니 코 골고 늘어진 앵두. 앵두 힐링하는 동안 느낀 건데, 조급하고 안쓰러워 힘든 건 앵두도 마찬가지였

🐾 깁스를 풀고 밝고 활기찬 모습의 앵두

겠지만 내가 더 그러지 않았나 싶다. 미안한 마음도 크고. 그래서 앵두도 더 불안했을지도 모르겠다. 힐링 선생님들 덕에 내가 여유를 다시 찾은 거 같다.

기분이 너무 좋다!! 앵두도 그러하다. 보면 안다. 앞으로 이렇게만, 아프더라도 싸우고 지지고 볶아도 서로를 생각하면서 지내고 싶단 마음에 흐뭇한 미소가 지어지는 하루이다.

앵두를 힐링해 주신 힐러들께

앵두랑 나 역시도 함께 일상으로 돌아오게 해주셔서 정말 감사드려요. 앵두뿐 아니라 내 생각까지 해주신 덕분에 일상의 행복함과 감사함을 다시금 일깨우게 되었습니다. 내년 봄 레이키 보약 한 재 더 (미리) 부탁드립니다. 늘 행복함 가득하시길 빌겠습니다~

6.
안녕, 빛 속에서
편히 쉬렴

후회 없는 이별을
도와주는 레이키

　가끔씩 외적으로 특별히 나쁜 증상이 없어도 아이에게 좋은 에너지를 주는 '보약 차원'에서 레이키 힐링을 의뢰하는 분들이 있기는 하지만, 힐링이라는 성격상 대부분은 이미 취할 수 있는 조치는 다 취해본 상태에서 지푸라기라도 잡는 심정으로 힐링을 의뢰해 오는 분들이 많습니다. 하면 나을 거라는 믿음보다는 뭐라도 해봐야겠다는 마지막 희망 같은 것이지요. 그렇다 보니 레이키 힐링을 의뢰해 올 때는 이미 병세가 돌이킬 수 없을 정도로 진행되어 있어서 힐링을 하는 도중 아이의 마지막을 함께하는 경우가 참 많습니다.

　힐링 작업을 본격적으로 시작할 무렵만 해도 아이들을 살리지 못했는 사실이 너무 미안하고 마음에 두고두고 슬픔으로 남았습니다. 그러나 많은 아이들을 접하고 경험을 쌓아가면서 동물의 생사관과 힐러가 할 수 있는 역할 등을 배워나가게 되었어요. 어디까지가 힐링의 한계인지도 알게 되고, 그 안에서 최선을 다하는 방법도 깨우치게 되었습니다.

병에 걸린 동물이라도 힐링을 받으며 마지막을 준비하는 아이는 육체의 고통을 덜 겪게 될 뿐더러 자신이 갖고 있는 치유력을 높여서 가족이 이별을 준비할 동안 며칠이라도 더 버틸 수 있으며, 죽음을 맞이하는 순간에도 힐러들의 따뜻한 에너지를 받으며 외롭지 않게 떠나는 모습을 볼 수 있습니다. 또 자신의 동물 가족이 그렇게 평온한 모습으로 숨을 거두는 모습을 지켜보는 가족들에게도 치유가 일어나지요. 그런 점에서 힐링을 받으며 떠나는 동물은 그렇지 않은 동물과 마지막 모습에서 차이를 보입니다. 물론 이것이 모든 동물이 힐링을 받으며 떠나야 평안한 안식을 취한다는 말은 아니에요.

대부분 힐링을 의뢰해 올 때는 아무리 중병인 아이라도 살리고 싶다는 희망을 가지고 오지만, 때로는 마지막을 편하게 보내주고 싶어서 오는 분도 계세요. 힐러들은 힐링을 통해 아이들이 치유될 때는 물론이고 레이키 덕분에 마지막 순간을 편하게 보내는 모습을 볼 때에도 이루 말할 수 없는 보람을 느끼고 스스로도 한 단계 성장하는 경험을 합니다. 아파서 식음을 전폐하고 기운 없이 늘어져 있기만 하던 아이가 힐링을 받고 일어나 먹기 시작하고, 눈에 생기가 돌고, 그렇게 아무렇지 않은 듯 며칠 혹은 몇 달을 사랑하는 이들과 함께 지내다가 잠자듯 고통 없이 떠나는 모습을 정말 많이 보았습니다.

그만한 축복이 또 있을까요? 동물들이 반려인의 가슴에 아프고 초췌한 모습만 남기고 떠날 때보다 마지막 순간을 편안히 지내다 떠날 때 반려인들도 이별의 아픔이 덜하고 마음도 더 빨리 추스를 수 있습니다. 레이키가 이렇듯 세상과 이별하는 시간을 벌어주고 이별의 슬픔을 준비할 수 있도록 해준다는 것은 나만이 아니라 전 세계 많은 레이키 마스터들이 경험하는 것으로 이들이 쓴 많은 책에서도 공통적으로 찾아볼 수 있습니다.

이제부터 소개하는 이야기들은 힐링을 통해 가족들과 이별하는 시간을 늦추면서 의젓하고 사랑 가득한 마지막 모습을 보여 우리에게 큰 감동을 안겨주고 떠난 동물들의 이야기입니다. 이제는 어디선가 새로운 여정을 시작하고 있을 작고 멋진 친구들을 빛으로 축복하고 응원합니다.

우리 모두를 울린
아름다운 고양이, 퀴니

지금껏 힐러로 활동하면서 만난 아이들 중에 가장 기억에 남는 아이를 꼽으라면 퀴니를 꼽겠습니다. 퀴니는 2013년 12월 10일 처음 우리에게 왔습니다. 생사의 고비를 넘나들다 힐링을 받고 기적적으로 치유된 별이를 기억하시나요? 바로 별이 엄마가 소개해 준 아이가 퀴니였어요.

퀴니는 건강하게 잘 지내던 중 2013년 10월 5일 골육종이라는 희귀병 진단을 받았습니다. 병원에서는 3개월을 채 살지 못할 것이라며 안락사를 권했다고 합니다. 처음에는 그런 상황에서 퀴니의 마음 상태가 궁금하다고 문의를 해왔는데, 내가 그만 퀴니 사진을 보고 눈물을 터뜨리고 말았어요. 퀴니의 상태가 너무나 심각했는데도 정작 아이는 이 모든 것을 담담하게 받아들인 초연한 모습이어서 감정이 북받친 겁니다. 그런 아이를 안락사로 보낼 수는 없다는 생각이 들어 퀴니의 사연을 다른 힐러들에게 알렸고, 아무 대가 없이 달려와 준 힐러들과 함께 퀴니의 힐링을 시작했습니다.

퀴니를 힐링한 3개월의 시간은 우리 모두 스스로를 돌아보고 삶의 소중함을 새삼 확인하게 된 감사의 시간이었습니다.

골육종은 뼈에서 자라나는 악성 종양입니다. 사람에게도 동물에게도 희귀한 병이지요. 종양이 다리나 발 같은 곳에 생겼다면 그곳만 절단하면 그나마 생명은 구할 수 있을 거라고 희망을 가져볼 텐데, 야속하게도 퀴니의 종양은 얼굴을 이루고 있는 뼈에서 자라나고 있었습니다.

짐처럼 무거운 종양 덩어리 때문에 힐링을 할 때면 목이며 얼굴의 근육들이 경직되어 있어 식사하는 것조차 버거워한다는 느낌을 받았습니다. 그럼에도 씩씩하게 견뎌주는 퀴니가 안쓰러우면서도 기특했지요. 보호자는 퀴니가 골육종이라는 진단을 받고 수술을 할까도 생각해 보았지만, 혈액 검사 결과 간수치가 너무 떨어져 있는 상황이라 아무런 처치도할 수 없었다고 해요. 그래서 집에 데려와 체력을 키우는 데 주력하던 중이었다고 합니다.

퀴니는 힐링을 시작한 지 일주일 만에 상태를 확인하러 다시 병원을 찾았습니다. 그런데 혈액 검사 결과가 아주 좋게 나와 의사가 이상하게 여길 정도였지요. 고양이 같은 경우 상태가 아주 안 좋을 때 오히려 혈액 검사 결과가 정상치로 나오기도 한다는 말이 있지만, 퀴니는 아직 그 정도로 상태가 나쁘거나 기력이 없지는 않았습니다.

🐾 처음 만났을 때의 퀴니 모습. 종양이 얼굴의 뼈 조직에서 자라나 고통스러워 보인다.

혈액 검사 결과를 본 우리는 수술을 해보면 어떨까 생각하게 되었어요. 퀴니의 종양은 하루가 다르게 커지면서 눈과 머리를 압박하고 있었어요. 사실 혹을 떼어내도 암세포가 남아 있으면 곧 다시 자랄 테고, 악성 종양의 특성상 건드리면 더 악화될 수 있다는 부담도 있었지만, 단 하루를 살더라도 아이가 무거운 짐을 내려놓고 탁 트인 시야로 세상을 훤히 볼 수 있게 해주면 좋지 않겠느냐는 쪽으로 의견이 모아졌습니다. 조심스레 우리의 의견을 말씀드렸더니 마침 보호자와 가족들도 같은 생각을 하고 있어 수술을 시도해 보기로 했습니다.

엄마는 수술을 위해 지방에서 퀴니를 데리고 서울에 있는 큰 병원으로 왔습니다. 온 가족이 퀴니와 함께 차를 타고 병원까지 와 퀴니를 응원해 주고 돌아갔고, 서울에 혼자 남은 엄마는 퀴니가 수술하고 기력을 회복할 때까지 며칠 동안 근처 찜질방과 병원을 오가며 정성스레 간호를 했답니다. 그런 퀴니 엄마의 모습에서 정말 큰 사랑이 어떤 건지 배웠습니다. 한편으론 '내 새끼들이 아프면…… 나라면…… 저렇게 할 수 있을까?' 하는 생각에 반성도 많이 되었지요.

퀴니가 입원해 있는 병원에 병문안을 갔습니다. 퀴니는 생각했던 것보다 훨씬 작고 여린 몸을 하고 있었어요. 그 몸으로 커다란 혹을 떼어낸 뒤 힘들지만 씩씩하게 회복하는 중이었습니다. 피고름이 목으로 넘어와 숨쉬기가 어려운 모양인지 숨이 거칠었지만 이름을 부르면 소리를 내 대답도 해주었습니다.

부디 퀴니가 잘 이겨내길, 그래서 나쁜 혹이 다시 자라더라도 그때까지만이라도 편하고 건강하게 지내길 바라며 모두들 온 마음을 다해 힐링에 집중했습니다. 힐링은 그때그때 상황에 맞추어 하루 두세 번씩 진행하기도 하고 한 번만 진행하기도 했습니다.

다행히도 퀴니의 회복 속도는 놀라울 정도로 빨랐습니다. 수술을 받은 지 일주일도 지나기 전에 무사히 퇴원해 엄마와 함께 가족들 곁으로 돌아갈 수 있었어요.

퀴니는 자신에게 닥친 고통의 시간들을 묵묵히 받아들였을 뿐 아니라, 떠나게 되더라도 할 수 있는 만큼 노력해 본 뒤 떠나겠다는 의지가 굳건했습니다. 일그러진 얼굴 때문에 보는 이가 더 고통스러워 '차라리 편하게 보내주어야 하는 것이 아닌가?' 하고 가족들이 고민한 적도 있었

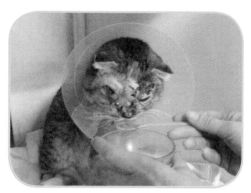

지만, 그럴 때마다 퀴니는 자신의 의지를 확실하게 표현해서 모두를 숙
연하게 만들었답니다.

수술 후에도 퀴니의 힐링은 계속되었습니다. 공교롭게도 아픈 아이들
에 대한 힐링 요청이 끊임없이 밀려들어 오던 때였기에 아예 힐러 두 분
에게 퀴니를 전담해 매일 돌보도록 했습니다. 힘든 상황 속에서 우리 모
두를 대표해 퀴니에게 무한한 사랑을 베풀어준 힐러 진명 님과 은서 님
께 이 자리를 빌려 다시 한 번 감사 인사를 전합니다. 정말 고맙습니다.

돌출되었던 얼굴의 뼈가 어느 정도 가라앉긴 했지만, 컨디션이 좋은
날과 다시 나빠지는 날이 반복되며 몇 달이 흘렀습니다. 집에 돌아온 직
후 퀴니는 며칠은 눈도 크게 뜨고 숨도 마음껏 쉬면서 자유를 누릴 수 있
었어요. 그러나 수술로 제거했던 종양이 야속하게도 몇 주 지나지 않아
다시 자라기 시작했습니다. 종양은 하루가 다르게 빠른 속도로 자랐고,

결국에는 수술 전보다 더 크게 퀴니의 얼굴을 뒤덮어버렸습니다. 온 집 안에 퀴니가 흘린 피고름이 흥건하고 악취가 진동했지만, 가족들은 고통을 기꺼이 견뎌내는 퀴니를 묵묵히 지켜보며 한마음으로 응원해 주셨어요.

퀴니가 살 날이 얼마 남지 않았다는 것을 우리 모두 알고 있었습니다. 우리가 해줄 수 있는 것은 그저 떠날 준비를 하는 퀴니에게 용기를 주는 것, 조금이라도 덜 고통스럽게 죽음을 맞도록 힐링으로 함께하는 것뿐이었습니다.

날로 나빠지는 퀴니 상태를 보면서 눈물짓는 우리와는 달리, 퀴니는 담담히 자신을 정리하며 가족과의 이별을 준비했습니다. 가족들이 마음의 준비를 모두 마칠 수 있도록 시간을 충분히 배려해 주었지요. 그렇게 퀴니도 가족도 또 우리 힐러들도 이젠 작별할 때라고 느끼는 순간이 다가왔습니다.

"퀴니야, 이제 모두들 괜찮아…… 마음의 준비가 다 되었어. 이젠 네가 아픔 없이 편해지기만 바라."

2014년 3월 2일 이른 새벽, 주어진 시련을 끝까지 온전히 견디며 많은 사람들에게 삶에 대한 의지와 감사의 마음을 선물해 준 퀴니는 6개월의 투병 기간을 뒤로하고 잠자듯 편안히 떠났습니다. 늦게까지 퀴니의 상태를 지켜보던 퀴니 엄마가 연락해 준 덕분에 우리는 떠나가는 퀴니의 주변을 레이키로 밝히며 마지막 배웅을 할 수 있었답니다.

우리는 울지 않기로 했습니다. 씩씩한 퀴니는 모두에게 사랑을 남기고 최선을 다해 주어진 시간을 살다가 떠났으니까요. 퀴니가 이제 아픔과 무거운 짐에서 놓여나 마음껏 자유롭게 지낼 수 있을 테니까요.

"퀴니야, 퀴니야. 우리 퀴니는 세상에서 제일 훌륭한 고양이였어. 꼭 다시 만나자."

복막염에 맞서
씩씩하게 싸워준 망고

망고는 복막염으로 투병하던 아이였습니다. 나는 지금도 복막염이라는 단어만 들어도 가슴이 철렁 내려앉습니다. 고양이들에게 복막염은 야속하기 그지없는 병입니다. 복막염 진단은 고양이에게 정말 사형 선고와도 같아요. 사랑하는 아들 칸쵸를 복막염으로 잃은 사연을 내 블로그에 소개해 놓아서인지 유독 복막염에 걸린 아이들의 힐링 의뢰를 많이 받습니다.

그러나 복막염은 힐링으로 낫게 해줄 수 있는 병은 아닌 듯합니다. 다만 아이가 떠날 때까지 덜 고통스럽게 한다거나 좋아하는 음식을 조금이라도 먹고 지낼 수 있도록 잠시나마 좋아지게 하는 것은 가능합니다. 거기서 더 나아가 완벽히 이겨낼 수 있으면 좋겠지만 그것은 레이키 힐링으로도 정말 넘기 힘든 산이에요.

처음 복막염에 걸린 아이들의 힐링을 시작할 때에는 칸쵸를 지키지 못했다는 마음, 엄마로서 그저 바라보는 것밖에 할 게 없다는 심정 등등 여러 가지 복합적인 감정이 계속 되살아나 많이 힘들었습니다. 하지만 수없이 많은 복막염 투병 고양이들을 만나면서 생각이 달라졌어요. 사람의 상상을 초월할 정도로 의연하고 강한 의지, 맡은 바 역할을 다하고 담담히 삶을 정리하는 모습, 힘든 와중에도 가족들을 먼저 챙기는 고양이들의 모습을 보며 많은 것을 배웠습니다.

지금은 복막염과 싸우는 아이들을 힐링하고 배웅하는 일이 더 이상 슬프지만은 않습니다. 설령 낫기까지는 못하더라도 이 힐링을 통해 그들의 삶에 분명히 긍정적인 변화가 일어나고, 마지막 순간이 닥쳐도 고통스런 모습 없이 떠나는 아이들을 보면서 이것보다 더 큰 축복이 있을까 생각이 들어요.

내가 망고를 기억하는 이유 중 한 가지는 반려인들이 보여준 사랑과 정성 때문입니다. 망고의 반려인들이었던 세 언니는 정말로 망고를 깊이 사랑했어요. 그중에서도 특히 둘째언니는 망고가 없으면 못 살 것 같다고 말할 정도로 자신이 힘들 때 망고에게 기대며 감정적으로 많이 의지하고 있었습니다.

많은 반려인들이 동물을 가족같이 사랑하고 아끼지만 동물과 그런 마음을 주고받는 방식이나 느낌을 나누는 정도는 사람마다 다를 수밖에 없습니다. 망고의 세 언니들 경우엔 이들이 망고에게 보여준 사랑과 망고가 회복되길 바라는 간절함이 워낙 컸기에 유독 내 마음이 더 뭉클했던 기억이 납니다.

망고는 힐링을 의뢰해 올 당시 이미 병이 꽤 깊은 상태였어요. 힐링을 하면서 느껴보니 어지럽고 속이 메슥거리는 구토감이 드는데다 신경계에도 뭔가 이상이 온 듯한 느낌이 들었습니다.

복막염에 걸린 아이들의 힐링을 많이 하다 보니 나는 복막염에 걸렸을 때 고양이들이 어떤 통증을 느끼는지 단계별로 정리를 해보게 되었습니다. 호전과 악화를 반복하면서 점점 상태가 심각해지는데, 마치 몸살에 걸렸을 때처럼 손을 대기만 해도 온몸이 아리는 느낌이 들거나 욱신거리면서 피부 속까지 아픈 느낌이 들 때쯤이면 상태가 가장 심각하고 통증도 제일 큰 '폭주기'가 시작되는 것을 많이 목격합니다. 그보다 더 심해지면 신경 쪽으로 문제가 생겨 마비 증상이 오고 발작을 일으키거나 거품을 물기도 합니다. 나는 이런 시기를 개인적으로 '폭주기'라고 부르고 있어요.

그동안 고양이들이 폭주기를 무사히 넘기는 경우를 보지 못했기에 이제 망고에게도 시간이 얼마 남지 않았구나 하는 생각이 들었습니다. 하지만 모든 일이 그렇듯이 예외라는 것이 있을 수 있고 기적적으로 좋아질 수도 있는 것이므로 확언을 하지는 않았습니다. 결과가 어찌되든 힐링하는 순간에는 힐링에만 온전히 집중해야 하니까요. 결과를 미리 걱정하면서 영향을 줄 필요는 없습니다.

망고는 그렇게 폭주기에 나타나는 괴로운 증상들을 모두 겪으면서도 언니들의 손길이 좋다며 함께 있어주기를 간절히 바랐습니다. 참으로 착하고 순한 아이였어요. 한 번도 힘들다고 내색하거나 우는 모습을 본 적이 없습니다. 힐링하고 교감하는 내내 그렇게 힐러들을 오히려 감동시키는 아이였지요.

힐링을 시작한 지 나흘째 되는 날, 망고는 그만 떠나려는 모습을 보였습니다. 눈빛이 흐려져 초점이 없고 몸 또한 축 늘어진 망고를 데리고 병원에 갔지만 해줄 게 없다는 안타까운 답변만 들어야 했어요. 조금이라도 편하게 해주려고 언니들은 망고를 집으로 다시 데려왔습니다. 언니들의 충격이 컸는데, 그 중에서도 특히 둘째언니가 걱정이 된 나는 힐러들에게 이야기해서 망고 언니들도 함께 힐링을 해주기로 했습니다.

그러면서 언니들에게 망고를 향해 "사랑해. 이제는 떠나도 괜찮아. 힘들면 내려놓고 떠나렴" 하고 계속 말해주라고 부탁을 했습니다. 가족들이 그렇게 말해주면 먼 길을 떠나는 동물들이 더 용기를 내게 됩니다. 가족들과의 이별이 힘든 건 동물들도 마찬가지예요. 그래서 망고가 외로움과 슬픔, 아쉬움을 모두 내려놓고 떠날 수 있도록 용기를 주라고 부탁을 드린 거지요.

힐러들은 잠자듯이 눈을 감고 누운 채 가냘픈 숨을 내쉬고 있는 망고에게 계속해서 사랑한다고, 멋진 고양이라고 속삭여주는 한편 망고를 사랑의 에너지로 감싸주었습니다. 망고는 가만히 수액을 맞으며 열 시간 정도 누워 있으면서 언니들과 마지막 시간을 가졌습니다. 못다 한 이야기도 나누고 망고와의 추억도 더듬으며 울고 웃을 시간을 만들어주고는 그 다음날 오전에 망고는 숨을 거두었어요. 망고는 그렇게 삶을 마감했지만 한동안 주변을 머물면서 언니들이 힘들어하지는 않는지 지켜본 뒤에야 고양이 별로 떠났답니다.

언니들은 병과 싸우느라 지친 아이의 몸을 물수건으로 닦아주면서 그동안 마음의 준비를 잘할 수 있었기에 지금은 생각만큼 슬프지 않다고, 이겨낼 수 있을 것 같다고 했습니다. 고통을 묵묵히 견디면서 언니들에게 충분한 시간을 주고 간 망고, 참으로 기특하고 예쁜 아이었어요.

그날부터 사흘간 우리는 상심해 있을 세 언니들을 위한 힐링을 별도로 진행했습니다. 언니들은 그 시간을 통해서 망고의 빈자리가 주는 허전함과 그리움을 잘 이겨낼 수 있었다며, 마음 기대며 의지할 곳이 있어 감사했다는 인사를 전해주셨어요.

엄마를 힐러의 길로 안내한 코로

힐링 의뢰를 처음 받았을 때 코로의 상태는 썩 좋지 않았습니다. 열여섯 살 노견인 코로는 심근비대증을 앓고 있었어요. 심근비대증을 앓은 후로 간간히 쓰러진 적이 있기는 했지만, 지난주에는 쓰러진 채 숨을 쉬지 않는 상태로 발견이 되었대요. 다행히 온몸을 여기저기 주물러주었더니 1분쯤 지나 큰 숨을 몰아쉬며 정신을 차렸다고 합니다.

이 일로 가족들은 큰 충격을 받았습니다. 코로도 그 여파로 며칠간 밥도 제대로 못 먹고 호흡도 거칠어 언제 다시 숨이 멎을지 몰라서 다들 비상 대기하는 상태였어요. 위급한 상황인지라 힐러들과 서둘러 팀을 조직해 힐링을 시작하게 되었습니다.

첫날, 코로는 힐링 에너지를 무난히 받아주었습니다. 레이키 에너지를 느껴서인지 주위를 두리번거리기도 하고 나른하게 하품을 하기도 했어요. 담당 힐러는 코로가 기력이 없는지 흔들리는 느낌이 들었고, 안압이 높게 느껴지면서 왼쪽 눈에 눈물이 고이는 것 같다고 보호자에게 전해주었습니다. 그 말을 듣고 보호자는 깜짝 놀랐다고 해요. "왼쪽 아래 눈꺼풀 근육이 많이 처지면서 눈물이 조금 고여 있어요. 그쪽 눈은 완전히 안 보이는 눈이거든요"라면서 어떻게 그런 것들을 느낄 수 있는지 신기해했어요.

엄마가 계속 코로와 몸을 붙이고 있었는데, 엄마를 사랑하는 마음에 코로가 힐링 에너지를 엄마와 나누어 받는 것 같은 느낌이 들었어요. 그래서인지 우리가 먼저 이야기하지 않았는데도 보호자는 코로가 힐링받는 내내 자꾸 자기 심장이 두근거리며 묘한 기분이 들었다고 했습니다.

코로가 호흡할 때마다 가슴 오른쪽으로 답답함과 통증이 느껴졌는데 힐링을 받은 후에는 많이 안정된 느낌이 들었습니다. 코로는 자기가 이제는 나이도 있고 매일매일 나아지기보다는 그저 비슷비슷한 느낌이 든다고 말을 했습니다. 식욕이 없어서 딱히 바라는 음식도 없었어요. 하지만 마음만은 차분하고 편안했습니다. 산책을 몹시 좋아하던 아이인데 날씨가 차면 혈관이 수축되니 자주 시켜주지 못해 미안하다는 보호자의 말을 코로에게 전해주었습니다.

첫날 힐링을 하는 동안 코로가 트림을 했는데, 힐링 후 엄마한테 그런 내용을 전하면서 대화를 주고받는 동안에도 코로가 계속 트림을 해서 엄마가 재미있다고 했던 기억이 납니다. 먹은 것이 별로 없는데도 소화력이 떨어져서 소화가 잘 안 돼 그런 것인지, 원래 트림을 잘 하지 않는데 갑자기 여러 번 트림을 한다며 신기하다고 했어요.

힐링을 받은 다음날 코로는 바로 변화를 보였습니다. 활력이 생겼는지 주위에 장난도 걸고, 함께 지내는 코로의 '부인'(같은 재패니즈 친)과 고양이에게도 관심을 보였다고 합니다. 고양이에게는 원래 관심도 없고 다가가지도 않는데 이번에는 먼저 다가가 냄새를 맡아보기도 했대요. 이날 집에서 링거를 맞힐 때도 피하지 않고 얌전하게 누워서 받아주었다고 보호자가 전해주었습니다.

코로 엄마는 재미있고 성품도 따뜻한 분이었어요. 힐링을 하다 보면 힐리의 아픈 부위나 느낌을 예민하게 감지하게 됩니다. 링거를 맞고 있던 앞다리의 느낌을 읽어내고 코로가 움직이는 방향을 맞히거나 치아에서 느껴지는 통증을 이야기하면(실제로 요즘 코로의 이가 빠지면서 아파하고 있다고 보호자가 확인해 주었어요), 코로 엄마는 무척 놀라며 신기해했지요. 그것이 훗날 코로 엄마가 힐러의 삶에 발을 들여놓게 되는 시작점이 될 줄 누가 알았을까요?

코로는 몸에 기운이 돌면서 기분도 좋아지고 의지도 생긴 것 같았습니다. 자기가 더 오래 살 거라는 희망을 가지고 있지는 않았지만, 지금 처한 상황에서 엄마가 해주는 것들과 힐러들이 전해주는 에너지를 모두 열심히 받아주었습니다. 마치 엄마가 베푸는 사랑을 온전히 받아주는 게 효도라고 생각하는 것처럼요. 동물들을 대하다 보면 그 깊은 마음씀씀이에 놀라고 감동할 때가 한두 번이 아닙니다.

코로는 그렇게 병으로 인한 고통의 흔적들을 하나씩 지우며 기운을 차려가는 모습이었습니다. 힐링중에 코로는 어렸을 때의 장난기 어린 모습들을 많이 보여주었습니다. 하지만 병에 걸리고 난 후로는 장난을 받아주면 호흡이 가빠지기에 어쩔 수 없이 외면해 왔다는 코로 엄마의 말에 가슴이 아팠습니다. 조금 기운이 나니 놀고 싶었던 모양입니다.

원래 입이 짧고 까다로운 아이였던 만큼 왕성하게 식욕이 돌아온 것은 아니지만 코로는 음식도 그럭저럭 잘 받아먹었다고 해요. 나아서 다시 산책을 하며 신나게 놀 수 있으면 좋겠다는 생각을 하기도 하고, 과거의 즐거웠던 때를 추억하는 듯한 모습을 보이기도 했어요. 조금 기력을 찾은 듯한 모습에서 더 악화되는 일 없이 평온하게 나머지 힐링 기간이 흘렀습니다.

그런데 힐링이 막바지에 이르던 어느 날, 코로가 약간 몸이 가라앉은 듯 느껴지고 한숨을 쉬면서 혼란스러워하는 듯한 기분이 전해진다고 담당 힐러가 말을 했어요. 그러나 여전히 에너지는 많이 들어가는 느낌이었다고 했습니다. 지금 생각하니 아마 이 날의 느낌은 코로가 이제 곧 떠나게 되리란 것을 예감하며 갖게 된 감정 상태가 아니었을까 싶습니다.

그러나 힐링 마지막 날에는 최근 들어서는 상상도 못할 만큼 상태가 좋아 보였습니다. 우리 역시 이쯤이면 아이에게 해줄 수 있는 힐링은 다했다는 생각이 들어 코로 자신의 자가 치유력에 기대를 하면서 힐링을 마치게 되었습니다.

다음은 힐링을 마칠 때 코로 엄마가 우리에게 보내준 메시지입니다.

"처음엔 곧 무지개다리를 건널 것만 같았던 코로를 바라보면서 지푸라기라도 잡는 심정으로 선생님들을 찾았습니다. 지금 생각해 보면 다 내 속 편하자고 그랬던 게 아닌가 싶네요. 하지만 코로가 하루 이틀 선생님들과 함께하면서 그동안은 상상도 할 수 없던 회복력을 보여주었고 나는 가슴이 벅찰 정도로 큰 감동을 받게 되었습니다.

가족들은 지금의 코로 모습을 보며 걸음걸이며 행동, 장난기까지 아프기 전의 코로로 돌아온 거 같다고 합니다. 심지어 신랑은 코로가 동안이 되었다고도 해요. 선생님들의 정성과 축복 아래 빠른 속도로 회복하는 코로를 보면서 결국은 내가 직접 그 축복을 전하고 싶다는 마음을 갖게 되었고, 나도 레이키 수련을 시작해 보려고 합니다. 또 모르겠네요, 코로와 내가 겪은 고통을 어디선가 겪고 있을 분들께 선생님들처럼 힘이 되어줄 수 있을지도요.

🐾 아프기 전 코로의 모습. 코로야, 사랑해.

일주일이 하루처럼 짧게 지나간 듯 아쉽기만, 함께한 일주일이 고통의 눈물로 시작해서 감동과 감사의 눈물로 맺을 수 있도록 도와주셔서 감사할 따름입니다. 그 사이 코로의 건강에 노심초사해 주시고 안녕을 기도해 주셔서 고맙습니다. 그간 정말 진심으로 감사했습니다."

반려인은 코로는 물론 코로와 같은 아이들에게 도움이 되었으면 하는 바람으로 레이키 힐러로서 발걸음을 내딛게 되었어요. 엄마를 힐러의 길로 안내한 코로는 엄마가 수련을 시작하기 위해 나와 만나기로 약속한 날이 다가올 무렵 편안하게 눈을 감았습니다.

코로는 가족들에게 어렸을 때의 그 밝은 모습들을 다시 보여주며 잊을 수 없는 추억을 선물해 준 뒤 떠났습니다. 이제 힐러로서 나와 함께 활동하면서 아프고 힘들어하는 많은 아이들과 반려인들에게 사랑을 베풀고 있는 자신의 엄마를 보면서 코로가 하늘나라에서 빙그레 웃고 있지 않을까 생각해 봅니다.

큰 사랑을 선물하고
떠난 산이

산이는 포도막염으로 눈의 위아래 흰자위가 하얀 막 같은 것으로 덮여 있고, 고열과 혈액 검사 수치로 보아 복막염도 의심받던 아이였습니다. 컨디션이 아주 좋지 않아서 눈을 감고 웅크리고 있는 시간이 대부분이었지요. 응급 상황이라 판단되어 급히 힐링을 시작하게 되었습니다. 같이 지내는 샤샤도 산이의 상태에 영향을 받아 스트레스가 심하고 식욕이 없었기 때문에 같은 시간에 두 아이의 힐링을 함께 진행하기로 했어요.

산이는 첫날 힐링을 받는 내내 잠에서 깨지 않았어요. 기력이 딸려서 휴식이 필요한 상황이기도 했지요. 일단은 푹 쉴 수 있도록 두고, 깨어나면 스트레스받지 않는 선에서 음식을 먹여보라고 권했습니다. 힐링을 한

261

후 기운을 좀 찾았는지 다음날에는 밥도 스스로 찾아먹고 잠도 푹 잤다고 합니다.

약을 먹일 때 버티는 힘이 없을 정도로 한없이 늘어지는 느낌이었는데 이제 안 먹겠다고 제법 반항하고 버티는 힘이 생긴 것 같다며, 산이 엄마는 이마저도 몹시 기쁘다고 했습니다. 눈을 거의 뜨지 못하는 상황이라 걱정이 된다고도 했어요. 예전에 포도막염으로 고생하던 웅이가 힐링 몇 번 만에 완치된 경험이 있었기에 산이에게도 그런 기적 같은 일이 일어나길 바랐습니다.

산이와 샤샤의 힐링은 하루 두 번으로 나누어 진행했습니다. 보호자가 출근한 시간에도 힐링을 한 뒤 아이들의 상태를 메시지로 알려드리니 보호자는 마음이 놓인다며 감사해했습니다.

초기에는 크게 눈에 띄거나 드라마틱한 변화를 보이지 않은 채 잔잔하게 시간이 흘러갔습니다. 차도가 크게 없는 것 같아 힐링의 방법을 좀 더 강도 높게 바꾸어보기로 했습니다. 한 번 할 때 두 명의 힐러가 산이를 함께 힐링해 보기로 했어요. 그렇게 2인 1조로 힐링을 하고 나자 산이가 한결 기운을 찾았다는 반가운 소식을 접했습니다. 억지로라도 먹으려고 하고 활동량도 늘어났으며 장난감에도 반응을 보이기 시작한다고 했습니다.

아직 충혈기는 남아 있었지만 눈의 상태도 좋아졌어요. 하얗게 덮고 있던 것들이 많이 사라지면서 한결 편해졌는지 눈을 동그랗게 뜨기 시작했답니다. 기지개도 쭉쭉 펴고 온몸 구석구석 그루밍도 합니다.

아픈 동물들은 절대 몸을 쭉쭉 스트레칭하거나 몸단장을 하지 않습니다. 어느 정도 살 만하다 싶을 때에야 몸단장도 하고 목욕도 하는 것이 고양이이기에 우리는 만세를 불렀습니다. 엄마의 사랑과 간절한 기도 속에서 산이는 열심히 이겨내고 또 이겨내려 노력하고 있었습니다.

순하고 차분한 산이는 마음이 매우 깊고 따뜻한 아이여서 힐러들은 모두 산이를 사랑하게 되었습니다. 조용하고 섬세한 샤샤도 힐러들의 사랑을 듬뿍 받았고요. 샤샤도 이때쯤에는 기분이 많이 나아져 엄마의 손길에 간만에 골골송을 불러주었다고 합니다. 그렇게 아이들이 나아질 수 있겠다는 희망이 생겼고, 실제로 한동안 산이의 병세가 조금씩 호전되어 갔습니다.

그러던 중 눈에 뿌연 증상이 다시 올라오는 것이 발견되었습니다. 정확한 진료와 처방을 받기 위해 병원을 찾아 혈액 검사를 다시 받아보았으나 모든 수치는 정상으로 돌아와 있었습니다. 그러나 마냥 안심하기에는 일렀어요. 병원에서는 복막염을 의심하고 처방한 약을 먹고 아이가 호전되었으니 복막염이 아닌가 하는 진단을 내렸습니다.

그런데 또 힐러들이 느끼는 산이의 상태는 단순히 복막염이라고 하기에는 좀 애매했어요. 그간 복막염 아이들에게서 느껴졌던 몸살 기운 같은 것도 없고 복수가 찬 것 같은 묵직한 느낌도 크게 없었거든요. 물론 복막염의 증상이 건식(복수가 차지 않는 것)과 습식(복수가 차는 것)으로 나눠지기도 하지만, 현재 상태로는 산이가 복막염 증세를 보인다고 단정하긴 어려웠습니다.

병원에 다녀온 뒤 꾸준히 힐링을 받으면서 산이는 기력도 더 차리고 먹는 것도 그럭저럭 잘 먹었어요. 그래도 확실하게 괜찮아졌다는 진단을 받은 것도 아니고 아이가 완전히 회복된 상태도 아니라서 보호자는 병원을 새로운 곳으로 옮겨보기로 했고, 나는 복막염에 걸린 아이들을 받아본 경험이 많은 한 병원을 소개해 주었습니다. 그렇게 새로 찾아간 병원에서도 복막염을 배제할 수는 없다며 그것을 염두에 두고 처방을 해주었다고 해요.

모두들 심기일전해 힐링에 정성을 다했지만 산이는 조금 좋아진 상태에 머물 뿐 더 이상 호전되지 않아 애가 탔습니다. 그래도 더 나빠지지 않고 유지되니 한편으로는 감사할 일이었지요. 엄마가 집에 오면 산이가 밥을 달라고 에옹거리며 다가오고, 샤샤가 원인을 알 수 없는 혈변으로 고생하던 것도 거의 잡혀가면서 일상으로 돌아간 듯 평화로운 하루하루가 지나가고 있었습니다. 다만 산이의 눈 상태와 고열은 나을 듯 나을 듯 하면서도 완벽히 낫지 않은 채 계속되었고요.

힐링으로 에너지 상태를 최대한으로 끌어올려 주었는데도 그런 것이라 힐링을 계속한다 해도 더 이상 큰 차도는 없을 것 같았습니다. 이제 잠시 레이키 힐링을 쉬고 병원 치료를 열심히 받으면서 산이가 이겨내야 할 단계라는 생각이 들어 근 한 달간 이어진 1차 힐링을 마무리했습니다. 다들 정이 들었기에 마지막 힐링 후 울컥하는 감정이 올라오면서 한동안 먹먹해했던 기억이 납니다.

이 시기에 산이의 힐링을 함께해 준 힐러들 한 분 한 분이 얼마나 소중하고 감사했는지 모릅니다. 모두들 하루 24시간이 모자라도록 바쁜 분들이었지만, 아픈 아이를 위해 매일 흔쾌히 짬을 내 힐링을 함께해 주었어요. 나 혼자였으면 아마 이런 장기간의 힐링은 하지도 못했고 그룹 힐링으로 얻어지는 효과들도 알지 못했을 것입니다.

그 후 한 달쯤 지났을 때 산이의 상태가 급작스럽게 나빠졌다는 연락을 받고 2차 힐링을 시작하게 되었습니다. 이 당시는 산이가 먹는 양이 너무 줄어 살이 많이 빠져 있었습니다. 산이는 기력도 식욕도 없는 와중이지만 엄마가 주는 것은 뱉어내지 않고 순하게 잘 받아먹어 주었습니다. 늘 엄마만 바라보며 엄마의 모습을 눈에 깊이 담아두려는 것처럼 보였지요.

2차 힐링을 시작한 지 이틀째 되던 날 산이가 발작을 일으켜 급히 병원에 입원하게 되었습니다. 발작이 일어났다는 것은 내가 그동안 복막염 아이들을 경험한 바에 따르면 폭주기에 들어갔다는 것을 의미했습니다.

'설마…… 그렇지 않을 거야……'

애써 부인해 보았지만 불안감을 숨길 수 없었습니다. 다른 힐러들도 모두 충격이 컸어요. 오랫동안 힐링을 함께하기도 했고 산이 엄마가 워낙 밝고 따뜻한 분이어서 깊이 정이 들기도 했으니까요. 어느 샌가 우리는 모두 산이의 엄마와 이모가 되어 있었고 보호자와 한 아픔을 공유한 친구 사이가 되어 있었기에 마음의 평정을 찾기가 몹시 힘들었습니다.

산이는 먹는 양이 너무 적었던 탓에 황달과 급성간염이 왔다는 진단을 받았습니다. 수액 처치와 함께 입원 치료가 시작되었습니다.

며칠이 지났습니다. 여러 가지 처치를 했지만 산이는 계속 수척해져 갔어요. 엄마가 면회를 가면 기운이 없어 제대로 소리 내 울지도 못하면서 입을 뻥긋거려 반겨주고 엄마가 해주는 마사지도 기분 좋게 받아주었습니다. 떠날 시간이 얼마 남지 않았음을 알고 있는 것 같았습니다.

아이가 자신의 죽음이 임박했다는 것을 어느 순간 알아차리거나 해서 힐링중 내가 그 감정을 똑같이 느끼는 경우가 사실 적지 않습니다. 그러나 그것을 미리 입 밖에 내지는 않습니다. 다른 힐러들이 내 말에 영향을 받아 감정적으로 흐트러지질 것을 우려해서이기도 하지만, 세상에는 언제나 기적이라는 것이 존재한다고 믿기 때문입니다. 더 중요한 이유는 보호자들이 그런 말을 접하고 나면 대부분 좌절하고 우는데, 그 에너지가 고스란히 아이에게 전달되어 상태를 더욱 악화시킬 수 있기 때문이지요. 아이의 죽음이 임박했건 아니건 힐링은 흔들림 없이 계속되어야 하기에 나는 이런 정보는 함부로 발설하지 않는 편입니다.

이때도 산이에게서 그런 느낌을 받았던 것 같습니다. 힐링을 해주면 그 에너지를 자기가 취하는 것이 아니라 다시 몸 밖으로 뿜어내 병원에 있는 다른 동물들에게 나누어주었거든요.

"이제 나는 필요 없어. 여기에 더 필요한 친구들이 많아."

더는 필요하지 않다는 말에 힐러들이 모두 가슴이 내려앉았지만 내색은 하지 않았고, 그냥 그렇게 우리가 할 수 있는 최선을 다하기로 했습니다.

그렇게 입원한 지 7일째가 되던 날이었습니다. 산이가 위독하다는 병원측의 전화를 받고 보호자가 달려갔습니다. 산이는 숨도 거의 쉬지 못한 채 엄마 품에 안겨 소변을 보며 조금씩 세상을 떠나고 있었습니다. 산이 엄마는 산이가 평소 머물던 공간에서 조금이라도 편하게 떠날 수 있도록 산이를 급히 집으로 데려갔어요.

그때 나는 산이가 정신은 희미했지만 마음은 굉장히 차분하고 몸의

마지막 순간까지 가족들을 챙기고 간
착하디 착한 산이. 산아, 고마워. 사랑해.

고통 역시 거의 내려놓은 상태임을 느꼈습니다. 일주일 만에 집에 돌아온 산이는 자기가 늘 쉬던 곳에 뉘어주니 마지막 힘을 내 꼬리를 흔들어 보였습니다. 끝까지 엄마에게 사랑을 표현하는 기특한 산이였지만, 심장 박동은 빠르고 눈은 자꾸만 감겼죠. 산이는 마지막 힘을 다해 화장실에 가서 볼일을 보고 나와 주변을 둘러보더니 자리를 잡았습니다. 엄마가 내미는 손을 향해 힘껏 앞발을 내주는 모습…… 산이 엄마로부터 이야기를 듣고 있기만 해도 주체할 수 없이 눈물이 흘렀습니다. 복막염으로 떠나보낸 칸쵸가 생각나서 눈물을 멈출 수가 없었어요. 산이에게 엄마가 부탁한 말을 전해주었습니다.

"산이야, 그동안 애 많이 썼어. 사랑한다. 이젠 괜찮아. 미안해……"

"괜찮아. 집에 와서 아주 행복하다고 전해줘. 이렇게 엄마랑 있을 수 있어서 좋아…… 샤샤도 엄마도 내가 없으면 힘들겠지만 그래도 힘내라고 해줘."

그렇게 산이는 마지막 순간까지도 가족을 챙기는 모습을 보여주었어요. 엄마는 산이를 배 위에 올려주었어요. 그렇게 산이는 엄마의 따뜻한 배 위에서 아가처럼 안겨 떠났습니다. 이미 병원에서 진작 떠났어야 할 상황이었지만 엄마랑 집에 오고 싶다는 의지로 버텼던 거지요. 사랑하는 샤샤에게도 인사를 하고, 엄마도 덜 힘들도록 엄마 품에서 떠나준 이 멋진 꼬마 신사의 마지막 모습은 지금도 생생히 내 가슴에 남아 있습니다.

산이는 이상하게도 사람들을 사로잡는 따뜻한 매력이 있는 아이였습니다. 산이의 진료를 맡아준 병원의 원장님도 산이가 떠난 뒤 나와 통화하다가 그만 소리 내어 울고 말았지요. 지켜주지 못해서 너무너무 미안하다고, 마음에 많이 남는 아이라고요.

산이는 그렇게 오랜 시간 우리와 함께 추억을 만들고 고양이 별로 돌아갔습니다. 산이야, 고마워.

안타깝게 일찍
떠나야 했던 치치

치치의 이야기는 조금 우울한 이야기입니다. 아마 내가 힐러로서 살아가는 동안 두고두고 그런 기억으로 남게 될지도 모르겠습니다. 치치를 만난 건 복막염이 의심된다고 진단을 받았다며 치치 엄마가 다급히 힐링을 의뢰해 오면서였습니다. 아이는 아주 예쁜 얼굴을 하고 있었습니다. 아직 애티를 미처 못 벗은 아기 고양이였어요.

힐링을 시작하기 전에는 우선 병원에서 진단해 준 내용에 대해 들으면서 아이의 현재 상태를 점검합니다. 그래야 어디에 중점을 두고 힐링을 해야 할지, 어떤 문제가 예상되며 어떻게 대처해야 할지 판단할 수 있기 때문입니다. 그런데 그 과정에서 듣게 된 치치의 상태가 조금 의아했

269

습니다.

치치는 어려서부터 가끔씩 발작을 일으켰고, 뒷다리를 절거나 못 쓸 때가 주기적으로 있어왔다고 합니다. 하지만 그러다가도 잠시 지나면 나아지곤 했기에 계속 진료를 미루어왔는데, 상태가 심해지자 마침내 병원을 찾았다고 해요. 병원에서는 딱 부러지게 말할 수는 없지만 식욕도 별로 없고 움직이는 것도 편치 않는 등 여러 정황으로 미루어 건식 복막염이 의심된다고 했대요.

그런데 힐러들이 느끼는 치치의 상태는 조금 달랐습니다. 그동안의 힐링 경험에 비추어볼 때 느껴지는 감각들이 복막염의 경우와는 조금 달랐고, 자력으로 무언가를 먹어보려는 의지가 있을 뿐더러 어려서부터 다리가 계속 불편했다는 점이 몹시 마음에 걸렸습니다.

힐링을 하는 내내 신경계에 이상이 있는 것처럼 아이의 몸이 한쪽으로 기우는 모습이 보였고, 좌우 에너지가 불균형한 느낌이 컸으며, 금방이라도 발작을 일으킬 것처럼 몸이 움찔움찔하는 것이 전달되어 왔습니다. 물론 병원의 진단처럼 이런 증상과 별개로 복막염이 함께 왔을 가능성도 없지 않았어요. 하지만 좀 더 자세한 신경계 쪽 진단과 정확한 치료가 필요하다고 느껴져 첫날부터 계속 보호자에게 병원을 찾아가 보라고 권유했습니다.

힐링을 받고 아이는 스스로 먹는 양이 느는 등 겉보기에는 상태가 호전된 것처럼 보였습니다. 그러나 나는 마음이 편치가 않았습니다. 치치의 상태가 호전 반응이라기보다는 언제 터질지 모르는 시한폭탄처럼 느껴졌거든요. 힐링을 통해 자가 치유력이 발동해 갑작스럽게 증상이 호전되는 경우가 많고, 치치 또한 이 시기를 놓치지 않고 적절히 병원 치료를 받는다면 다소의 장애가 남을지는 몰라도 생명에는 지장이 없을 것 같았기에 계속해서 정확한 진단을 받아보라고 권했지요.

하지만 보호자는 그때마다 병원을 찾는 것이 아이에게 더 큰 스트레스를 주게 될까봐 미루고 있다고 했습니다. 이해가 안 되는 말은 아니었지만 내원 스트레스보다 정확한 진단을 받는 것이 시급해 보였기에 가슴이 답답했어요.

그러다 6일간의 힐링이 후반부에 접어들었을 무렵 아이의 상태가 나빠졌습니다. 몸이 자기 마음대로 컨트롤되지 않는다는 게 느껴져 한시라도 빨리 병원을 찾아야 한다는 생각이 들었습니다. 다시 한 번 내원을 간곡히 권하자 보호자는 내일 병원에 가보겠다고 했어요. 그때까지 치치가 버텨주기를 바라며 그날의 힐링을 마무리했습니다.

그런데 다음날, 일어나자마자 너무나 놀랍고 충격적인 메시지를 보았습니다. "간밤에 아이가 너무 괴로워 보여서 아침 일찍 병원에 데려가 편히 보내주었어요"라는 메시지였어요. 가슴이 철렁해 어쩔 줄 모른 채 스마트폰의 메시지 창만 한참 들여다보았습니다.

그리고 솔직히…… 화가 났습니다. 힐링을 통해 증상이 조금 나아지는 듯 보이자 차일피일 병원 검사를 미루다가, 아이가 조금 나빠지니 바로 병원에 데려가 안락사를 시키다니요.

치치는 바로 전날까지도 혼자 힘으로 식사를 하던 아이였습니다. 자력으로 식사를 한다는 것은 살려는 의지가 분명하다는 뜻입니다. 그런 아이를 어떻게 적극적인 치료도 한 번 해보지 않고 그렇게 보냈는지 정말 이해가 되지 않았습니다.

　오로지 떠나버린 치치를 위해 화를 참았습니다. 아이를 배웅하면서 엄마를 미워하는 마음을 품을 수는 없으니까요. "'아이가 떠나는 길이 외롭고 무섭지 않도록 빛으로 인도하겠습니다"라는 말만 마지막으로 보호자에게 남기고, 보호자로부터 받은 메시지는 차마 더 볼 수 없어 지워버렸습니다.

　보호자가 치치를 사랑하지 않았거나 가볍게 여겨서 그런 것은 아니리라 믿습니다. 다만 좀 더 적극적인 검사와 치료를 하지 않은 것이 어쩌면 그런 투병 모습을 본인이 지켜볼 자신이 없어 그런 게 아니었나 하는 생각을 떨치기 힘들었습니다.

　실제로 힐링을 하고 아픈 아이들을 상담하는 과정에서 안락사를 고민하는 보호자들을 많이 만납니다. 정말로 고통이 너무 심해서 아이 스스로 보내달라고 부탁해 오는 경우도 물론 있기는 합니다. 그러나 아이가 아파하는 모습을 자신이 지켜보기 힘들어서, 정작 아이는 살아보려는 의지가 있는데도 '아이를 위해서'라면서 안락사를 선택하려는 보호자도 적지 않아요. 나는 이런 마음을 '사랑의 욕심'이라고 부릅니다. 사랑은 사랑이지만 잘못된 사랑, 자기 자신만을 바라보는 사랑이라고 감히 말하고 싶어요.

　너무도 아쉽고 가슴이 뻥 뚫려나간 것만 같았습니다. 힐러들이 나흘 동안 정성을 다해 힐링을 하고 아이를 살려보려 애쓴 것이 모두 씁쓸하고 허망하기까지 했어요. 하지만 그 일이 있고나서도 치치의 힐링에 참여한 힐러는 물론 참여하지 않았던 힐러들까지 모두 마음을 모아 치치가 무지개다리를 잘 건너 하늘나라에 도착하기를 기도하며 빛으로 배웅을 해주었습니다. 오로지 아이만을 생각해서 그리 할 수 있었던 것이지요.

가끔 그런 생각을 합니다. 교감 상담을 하고 힐링을 하면서 만나는 각양각색의 반려인들 중에는 여러 이유로 아이를 적절하게 보살펴주지 못하거나 방치하고, 심지어 괴롭히는 분도 많이 있습니다. 처음에는 그런 분을 보면서 답답해하기도 하고 화를 내기도 하고 함께하는 동물이 불쌍해서 운 적도 많았지만, 지금은 어떤 엄마를 만나느냐 하는 것도 아이의 운명이 아닐까 생각을 합니다. 좀 더 상황 판단이 빠르고 뭐든 다 해줄 수 있는 엄마를 만나느냐, 해주고 싶어도 경제적으로 여력이 안 되어 못 해주는 엄마를 만나느냐, 이것저것 다 귀찮고 본인의 감정을 보듬는 것만 우선인 엄마를 만나느냐는 그 아이가 이번 삶에 감당해야 할 운명일지도 모릅니다.

그동안의 많은 경험을 통해 마음을 가다듬고 초연하게 되었지만, 이런 일을 겪고 나면 여전히 마음이 쉬 누그러지지가 않습니다. 이런 경우가 적잖이 일어나곤 하기에 만약 이와 비슷한 상황에 놓일 경우 한 번쯤 돌아보고 다시 생각해 보았으면 하는 마음에서 아픈 이야기를 굳이 싣게 되었습니다.

레이키는 어떤 치료약이나 시술을 대신할 수 없습니다. 그저 힐리의 면역력을 극대화해 주고 삶의 의지를 북돋아주는 보조 치유의 방법입니다. 레이키 힐링으로 아픈 아이가 조금 호전되었다 해도 병원 내원과 치료가 필요하다면 시간을 지체하지 말고 꼭 치료를 받아서 더 큰 효과를 이루길 권합니다.

마지막으로 만약 안락사를 선택할 때는 과연 그것이 정말로 아이를 위한 선택인지 다시 한 번 생각해 봐주세요. 아이가 스스로 모든 의지를 내려놓거나 너무 괴로우니 보내달라고 하지 않는다면 지켜보기 고통스럽더라도 아이가 이번 생에서의 할 일을 마지막까지 마치고 떠날 수 있도록 기다리며 곁을 지켜주시기를 부탁드립니다.

7.
궁금증 해결
Q&A

이 장에서는 레이키를 처음 접하는 분들이 많이 궁금해 하는 내용을 간추려 문답식으로 정리해 보았습니다. 앞서 본문에서 이미 설명한 내용과 다소 중복되더라도 한 번 더 정리하고 필요에 따라 강조한다는 의미로 소개했습니다.

레이키 힐링은 다른 기 치유들과 어떻게 다른가요?

레이키 힐링은 스스로의 에너지를 바로 사용하는 것이 아니라는 점이 다른 기氣 치유와 가장 큰 차이점입니다. 힐러는 우주로부터 사랑과 치유의 에너지를 받아 힐리에게 전달하는 전달자이자 통로의 역할을 할 뿐입니다. 그렇기에 대부분의 기 치유법들에서 힘든 부분인 수련 시간이 많이 걸린다는 점, 힐러의 에너지를 소모하기 때문에 기가 달리기 쉽다는 점, 힐러의 에너지가 섞여 들어갈 수 있어 어떤 에너지가 전달될지 모른다는 점 등에서 비교적 자유롭다고 볼 수 있습니다. 사랑의 마음이 없으면 흐르지 않는다는 점도 빼놓을 수 없는 차이점 가운데 하나입니다. 그만큼 안전하다는 것이지요.

힐링을 받으면 어떤 병도 나을 수 있나요?

그렇지 않습니다. 레이키 힐링은 의학적 효과를 인정받고는 있으나 어디까지나 대체 의학의 한 갈래이며, 힐러들은 절대 '치료cure'라는 단어를 쓰지 않고 '치유heal'라고 표현합니다. 치료는 외적으로 환자의 병을 고쳐준다는 의미라면, 치유는 환자가 스스로 내면의 안정을 이루며 병에서 회복되어 가는 것을 뜻합니다. 레이키 힐링은 힐리의 몸과 마음, 에너지의 조화와 균형을 되찾도록 도움이 되어주기는 하지만 한계도 분명히 있습니다.

그러나 레이키 힐링을 했을 때 그것을 하지 않는 때보다는 항상 좋은 영향을 미치는 것은 확실합니다. 그 상황에서 치유받는 대상을 가능한 한 최선의 방향으로 인도해 주고, 비록 완치까지 이르지는 못하더라도 특히 통증을 줄여주고 마음의 상처를 어루만지는 데는 탁월한 효과가 있습니다. 적절한 병원 치료와 병행하며 꾸준히 힐링을 받는다면 더욱 큰 효과를 볼 수 있겠지요.

레이키는 동물과 사람에게만 가능한가요?

본문에서 설명 드렸듯이 사람과 동물은 물론이고 이 세상에 존재하는 모든 식물 · 사물 · 상황 들은 각자의 고유 에너지를 가지고 있으며 레이키는 그것들에 모두 유효합니다.

그동안 국내에 알려진 레이키는 일반적으로 사람에게만 해당하는 힐링 요법이었으며, 동물에 대한 힐링은 가능하다는 사실을 간단히 언급하는 정도로만 그치는 경우가 많았습니다. 필자는 동물 힐링에 좀 더 비중을 두되 여력이 있거나 필요하다고 판단될 경우 사람에 대한 힐링도 병행하며 활동하고 있습니다. 안타까운 사고나 재해 소식을 들으면 고통받는 이들이 있는 현장에 사랑과 치유의 빛을 보내기도 합니다. 레이키를 보낼 수 있는 대상은 무궁무진하답니다.

레이키 힐러가 되기까지 얼마나 걸리나요?

단순히 자격을 부여받는 정도라면 오랜 시간이 걸리는 것은 아닙니다. 어튠먼트를 받아 힐러가 되고 그 다음으로 마스터가 되기까지의 과정을 하루 혹은 이틀짜리 프로그램으로 진행해 주는 단체들도 있습니다. 옛날에는 마스터가 되려면 십수 년씩 수련해야 했고, 마스터가 된 뒤에도 평생을 헌신했다고 하지만, 오늘날에는 어튠먼트라는 편리한 전수 방법이 있어서 가능한 일입니다.

나는 마스터 어튠먼트까지 모든 단계를 하루에 몰아서 받아본 적도 있고, 한 달 간격을 두고 어튠먼트를 받아본 경험도 있습니다. 직접 수련하며 경험해 보니 1단계와 2단계 어튠먼트 사이에는 최소 21일 이상의 간격을 두는 것이 좋다는 사실을 알게 되었습니다. 나의 수업은 각각의 과정 사이에 한 달 혹은 그 이상의 간격을 두어 마스터가 되기까지 총 3~4개월의 시간이 소요됩니다.

이는 최소한의 자기 정화 시간을 갖고 경험을 쌓기 위함입니다. 마스터 자격을 부여받고도 실전 경험과 지식이 부족하여 기본 심벌조차 제대로 그리지 못하는 사람들도 보았습니다. 이러면 안 된다고 생각했기에 내게 전수를 받는 분들에게는 수행 과제를 많이 내어드립니다. 우리가 단지 절차를 통해 그 자격을 부여받는 차원을 넘어 진정한 의미에서의 마스터가 되려면 어튠먼트를 받은 후로도 최소 10년 이상은 꾸준히 수련하고 경험해야 할 것이며, 최소한의 자기 성찰 시간이 꼭 필요하다고 생각합니다.

정리하자면, 어튠먼트를 받고 자격을 얻는 것은 단 몇 시간 안에도 가능합니다. 그러나 확실히 실력 있는 힐러·마스터가 되려면 꾸준히 수련해야 하므로 단기간에 속성으로 하는 어튠먼트가 마냥 좋다고는 할 수 없습니다.

애니멀 커뮤니케이션과 레이키는 다른가요?

레이키 힐링은 사랑의 에너지를 운용하는 치유의 한 방법이고, 애니멀 커뮤니케이션은 동물과 교감하는 것을 말하기 때문에, 이 둘은 서로 다른 분야입니다. 하지만 두 가지 모두 에너지를 나누고 감지하여 감정 상태를 느끼고 아픈 곳을 찾기도 한다는 면에서 상통하므로, 애니멀 커뮤니케이션의 수련 방법으로 레이키 수련을 권하기도 합니다. 레이키 수련을 하다 보면 직관력과 수용성이 개발되어 애니멀 커뮤니케이션에 큰 도움이 됩니다.

물론 모든 레이키 마스터가 동물과 대화하는 데 의미를 두지는 않기 때문에, 레이키 마스터라고 해서 모두 동물과 대화를 하는 것은 아니고, 애니멀 커뮤니케이터라고 해서 모두가 레이키 마스터는 아닙니다. 그러나 전 세계적으로 상당히 많은 애니멀 커뮤니케이터들이 레이키 마스터의 자격도 가지고 활동하고 있습니다. 나 역시 애니멀 커뮤니케이터가 되고자 하는 학생들을 가르칠 때 레이키 힐링 수련을 권장하고 있습니다. 교감을 통해 동물 친구들의 마음을 듣다가 도움이 필요할 경우 레이키 에너지를 보내 치유를 도와줄 수 있으니까요.

기감이 예민하지 않은 사람도 레이키 힐링을 할 수 있나요?

강의를 들으러 오는 분들 중에 '과연 내가 할 수 있을까?' 걱정하며 오는 분들이 적지 않습니다. "나는 다른 사람보다 좀 무던하고 둔감한 편인데 할 수 있을까요?"라고 묻기도 하고요.

걱정 마세요! 기감이 발달하고 예민한 사람들만 수련을 하는 것은 아닙니다. 사랑의 마음으로 좋은 에너지를 전달해 주겠다는 의도를 가지면 그런 기감이 없어도 언제나 레이키 에너지는 흐르기 때문입니다. 실제로 처음에는 세세한 감각을 잘 느끼지 못했으나 힐리의 확연히 달라지는 모습을 보고 자신감을 얻어 꾸준히 수련함으로써 기감이 크게 발달하는 경우를 많이 보았습니다. 스스로 느끼는 기감에 혹여 큰 차이가 없다 해도 오랫동안 꾸준히 수련해 온 만큼 충분히 좋은 에너지가 강력하게 흐르고 있으니 걱정하지 않아도 됩니다.

다만 타고난 감각이 예민하고 기감이 발달한 분들은 에너지의 흐름이나 힐리의 몸 상태 등을 감지하고 구분하는 데 조금 더 도움이 될 수 있습니다.

몸이 아픈 사람도 할 수 있나요?

레이키를 배우고자 내게 찾아오는 분들 중에는 중증 질환을 가진 분들도 계세요. 심장이 좋지 않아 하루하루를 마지막 날처럼 지내는 분도 있고, 자가 면역 결핍 질환으로 늘 조심스럽게 컨디션을 조절하고 약을 복용하는 분도 있습니다. 이런 분들도 힐러로서의 역할을 충분히 다할 수 있습니다.

하지만 우선적으로 자기 치유에 힘써야 하며, 경우에 따라 건강한 분들보다 조금 더 시간이 걸릴 수 있다는 점은 고려해야겠지요. 몸이 약하면 작은 사기邪氣에 노출되어도 크게 영향받을 수 있으니 자신의 몸 상태를 최고치로 끌어올리기 위해 꾸준히 수련하고 방어막을 단단히 해야 합니다. 지니고 있는 질병이 완치되지 않았다 하더라도 힐링을 해줄 수 있습니다만, 체력적인 문제도 있으니 무리하지 않도록 주의가 필요합니다.

조심해야 하는 점이 많기는 하나 이 모든 점을 숙지하고 활동한다면 이분들은 힐링의 덕을 가장 많이 볼 수 있는 경우이기도 합니다. 힐링중 에너지의 통로 역할을 하면서 힐러 또한 힐링받기 때문이지요.

사고로 손을 잃었습니다. 나는 힐러가 될 수 없나요?

우리가 힐링을 하는 데 손을 주로 사용하는 것은 손이 생활하는 데 가장 많이 사용하는 신체 부위 중 하나이자 감각이 예민하기 때문입니다. 힐링을 하는 모습 역시 일반적으로 생각할 때 손으로 진행하는 모습을 가장 많이 떠올리기도 하고요. 그러나 손이 불편한 분들도 누구나 힐러가 될 수 있습니다. 개개인의 상황과 여건에 맞게 가장 자유롭게 쓸 수 있는 신체 부위를 이용하면 됩니다.

예를 들면 발이나 팔꿈치 또는 온몸을 이용하여 힐링을 할 수 있습니다. 원격 힐링도 충분히 할 수 있지요. 유명한 레이키 마스터 티처인 다이앤 스타인은 목 아래 전신이 마비된 상태에서도 훌륭한 레이키 힐러로 활동중인 자기 제자의 사례를 책에서 소개하기도 했습니다.

레이키 힐러는 절대로 정해진 누군가만 하는 것이 아닙니다. 사랑의 마음과 꾸준히 수련하는 열정만 있다면 누구에게나 공평하게 기회가 주어집니다.

레이키는 종교와는 무관한가요?

네, 무관합니다. 레이키는 특정 종교가 아닙니다. 레이키에서 말하는 우주를 창조한 '근원'은 기독교에서 하느님으로 불릴 수도 있고, 다른 종교에서는 또 다른 이름으로 불릴 수도 있습니다. 그러나 레이키는 그 어떤 종교도 아니기에 그저 우주의 창조자이자 '근원'이라고 설명합니다. '레이키'가 일본어이기도 하고 합장을 하는 행동 때문에 간혹 불교와 관련된 신흥 종교로 생각하는 분들도 있지만, 이는 레이키를 발견하고 사용법을 고안한 우스이 선생이 일본인이기 때문에 영향받은 부분일 뿐입니다. 사랑과 치유의 에너지를 나누는 것은 종교의 개념을 초월하여 모두 하나라고 생각합니다.

수련을 한 뒤로 평소 느끼지 못했던 것을 느껴요.

수련을 하다 보면 기감이 많이 열리고 발달하게 됩니다. 그래서 그동안 일상 생활에서 놓치고 지나갔던 많은 것들을 새로이 인지하게 됩니다. 꼭 필요한 것을 챙길 수 있다는 장점도 크지만, 기감이 발달하는 과정에서 의도나 바람과는 상관없이 안 좋은 것들을 감지하게 될 수도 있습니다. 평소 느끼지 못하던 섬뜩한 감각을 느끼거나 이상한 것을 볼 수도 있지만 이것들은 모두 나의 에너지가 성장하고 단단해지면 점점 컨트롤할 수 있게 됩니다.

에너지는 약한 쪽이 강한 쪽에 아무런 영향도 미치지 못하고 흡수되어 버리게 마련입니다. 그러니 항상 결계를 단단히 하고 정확한 방법으로 수련을 한다면 이런 것들에 휘둘릴 일이 없을 것입니다. 또한 불안하거나 의심이 들 때 정확한 길잡이가 되어줄 수 있는 경험 많은 마스터와 함께 수련할 것을 권합니다.

레이키는 과학적으로 증명이 되었나요?

물론입니다. 레이키는 세계보건기구에 정식으로 대체 의학으로 등록되어 있고 계속해서 과학적 연구가 이루어지고 있습니다. 레이키의 효과를 연구한 논문들이 세계적으로 수없이 많습니다. 레이키를 양자물리학적으로 분석해 놓은 자료들도 찾아볼 수 있지요. 미국과 유럽에서는 실제로 여러 병원에서 현대 의학의 효과를 더욱 높이기 위해 레이키 힐링을 활용하고 있습니다.

임산부가 레이키 어튠먼트를 받거나 수련할 수 있나요?

개인적으로 충분히 가능하다고 생각합니다. 레이키는 사랑의 에너지이므로 절대로 나쁜 마음을 전달하거나 나쁜 결과를 향해 흐르지 않는다는 안전 밸브가 있기 때문입니다. 실제로 내게 레이키를 전수받고 수련을 시작한 뒤 아기를 가진 분이 두 분 있습니다. 입덧과 체력적인 문제로 수련을 꾸준히 하지는 못했지만, 아이에게 좋은 에너지가 전달되어 셀프 힐링중 태동을 심하게 하기도 하고 몸과 마음이 금방 편안해진다는 이야기를 들었습니다. 명상은 태교의 한 방법으로도 소개 · 권장되고 있는 만큼 아이의 정서에도 긍정적인 영향을 가져다준다고 할 수 있겠습니다.

마스터 수료 후 받는 인정증은 전 세계적으로 통용 가능한 것인가요?

현재 국내에서는 레이키와 관련된 국가 공인 자격증은 없이 마스터 개개인이 인정증을 발급하고 있습니다. 그러나 레이키에는 계보lineage가 있기 때문에 내게 인정증을 받는 분들은 전 세계 어디에서나 마스터로서 인정받을 수 있는 자격이 주어집니다. 계보는 레이키의 정통을 제대로 이어받았다는 인정이자 증표이므로, 레이키를 전수받기 전에 마스터의 계보를 살펴보는 것이 매우 중요합니다.

어린이들도 레이키 수련을 할 수 있나요?

네, 가능합니다. 아이들의 심적 수양에 도움이 되며 사랑이 많은 아이들로 자랄 수 있습니다. 레이키가 무엇인가를 이해할 수 있는 연령 이상의 아이들이라면 누구나 어튠먼트를 받을 수 있고, 실제로 미국에서는 '아동 레이키Kids Reiki'가 상용되고 있습니다. 아이들은 에너지 흐름과 운용법을 본능적으로 익히고 편견이 없어 단시간 안에 훌륭한 힐러로 성장하는 편입니다. 다만 레이키가 아직 국내에서는 다소 낯선 분야인 만큼, 걱정되는 부모님들은 자녀가 레이키 어튠먼트를 받거나 수련을 할 때 가급적 입회하여 지켜보면 더 안심할 수 있을 것입니다.

어튠먼트를 받고 오랫동안 수련을 하지 않았어요. 다시 어튠먼트를 받아야 할까요?

그럴 필요는 없습니다. 한 번 받은 어튠먼트는 절대 사라지지 않습니다. 다만 수련을 게을리 하고 그동안 레이키를 사용하지 않았다면 다시 한 번 추가 어튠먼트를 통해 에너지 통로를 정화해 주면 좋습니다. 추가 어튠먼트를 받을 때는 자신에게 레이키를 전수해 준 스승을 다시 찾으면 됩니다.

함께하는 동물을 내가 스스로 힐링을 하기에는 부족하다는 생각이 들어 힐러에게 의뢰하려고 합니다. 좋은 힐러를 찾는 방법이 따로 있나요?

레이키는 어튠먼트를 받고 나면 누구나 힐러로 역할을 할 수 있지만, 앞에서도 계속해서 강조했듯이 개인의 성장도나 에너지 운용 범위에 따라 차이가 날 수 있습니다. 동물들의 힐링 실전 경험이 얼마나 되는지, 내 반려 동물과 같은 질병의 아이를 힐링해 본 경험이 있는지, 상냥하고 친절한 사람인지를 살펴보세요. 활발히 활동하는 힐러 또는 그러한 힐러들의 모임을 찾아 의뢰하는 것을 권하고 싶습니다.

맺음말

애니멀 레이키
소개를 마치며

　다양한 병으로 고통받는 동물들을 힐링을 통해 만나게 되면서 아픈 곳 없이 건강하게 함께해 주는 내 동물 가족들에게 새삼 감사하는 마음이 생겼습니다. 커리, 쥬르, 치토, 밤비, 알루, 이든! 그리고 하늘나라에 있는 칸쵸까지…… 일곱 난장이들에게 고맙습니다. 세상에는 사람의 병만큼이나 복잡하고 많은 동물 질병들이 있다는 사실을 알게 되었고, 또 그것으로 인해 고통받는 가족들이 너무나 많다는 사실을 알게 되었기에 힐러로서의 사명감과 책임감을 더욱 단단히 할 수 있었습니다.

　책 출간을 마음먹고, 반려인들이 평균 두 달 이상 대기해야 하는 바쁜 상담 일정 속에서도 힘들게 자료를 모으고 집필 작업을 했습니다. 길다면 긴 시간이지만 강의며 상담으로 시간이 어찌나 빠르게 지나가던지 쫓기는 기분으로 내내 애를 태웠답니다. 작업하며 계속 고민했던 한 가지는 내용을 어느 수준까지 어떻게 풀어내야 하는가 하는 것이었습니다. 애니멀 레이키에 대한 국내 자료가 거의 없는 상황에서 한 아이 한 아이 힐링하면서 경험을 통해 쌓아간 소중한 정보와 지식을 어느 선까지 공개해야 하는가를 두고 많은 고민을 한 것이 사실입니다.

그러나 결국 그런 고민은 접어두고, 레이키를 처음 접하는 분들이 거부감 없이 가장 쉽게 받아들일 수 있도록 하는 데 최우선으로 집중했습니다. 어려운 용어와 지루할 수 있는 역사적 내용들은 최대한 간략히 짚고 넘어갔고, 내가 초보일 때 어떤 것이 궁금했었나를 끊임없이 자문해 가며 원고를 썼습니다.

지구상에 도움의 손길이 필요한 곳이 넘치는 현실 속에서 가급적 많은 분들이 레이키의 축복을 함께 나누었으면 좋겠다는 생각으로 소개하다 보니 아무래도 장점이 부각되는 면이 없지 않았습니다. 레이키를 만병통치약이나 무엇이든 이루어주는 마법의 주문 같은 것으로 생각하는 분이 혹시 계실까 우려되어 다시 한 번 말씀드리자면, 사형 선고와도 같은 병들을 진단받은 경우 정말 특별한 기적이 생겨 이겨낼 수도 있지만 레이키가 이런 병을 아예 앓지도 않은 것처럼 치유해 주는 것은 절대 아닙니다. 다만 이런 절망적인 상황 속에서도 레이키가 발휘하는 힘은 힐링받는 사람이나 동물이 세상을 떠나게 되거나 원하는 대로 상황이 돌아가지 않는다 해도 언제나 우주의 섭리에 맞게 상황을 정리한다는 것입니다. 레이키는 조화와 균형을 이루어주기 때문입니다.

레이키는 사랑의 에너지이기 때문에 고통스러운 쪽으로 상황을 이끌지 않습니다. 사람도 동물도 스스로의 치유력을 최고치로 높여 투병했지만 결국 병에 굴복하고 떠나야 할 때가 올 수 있어요. 레이키는 그런 경우라 해도 분명히 평소와 다르게 생기를 찾은 모습으로 마지막을 준비할 수 있도록 도와줍니다.

힐링을 의뢰해 온 분들이 드라마틱한 변화를 보지 못했을 때 신뢰감이 사라지며 시큰둥해하는 모습을 많이 보았어요. 그때마다 마음이 씁쓸합니다. 힐링을 하지 않았다면 더욱 나빠질 수도 있었던 상황을 현상 유지라도 해주는 것이 힐링 에너지의 힘입니다. 이러한 것에 대한 믿음은 직접 배우거나 경험해 보아야 온전히 와 닿는 것이기에 강요할 수는 없지만, 이 책을 읽는 분들만이라도 이런 점을 이해해 주신다면 좋겠습니다.

힐링을 받고 말로 설명하기 어려운 변화를 이루어내는 동물 친구들을 보며 매번 놀라고 감사하게 됩니다. 내 손을 통해 힐링을 한다고는 하지만 어떻게 이런 신비롭고 아름다운 선물을 나눌 수 있을까 감탄하게 됩니다. 힐링받는 동물들이 나누어주는 크나큰 사랑과 감동은 앞으로도 늘 감사한 마음으로 힐링에 임하도록 만드는 원동력이 되어줄 것입니다.

이런 빛의 축복을 나눌 수 있음에 감사하며, 나아가 뜨거운 열정과 사랑으로 함께하면서 기적을 가능케 해주고 있는 힐러들과 수련 벗들, 정성으로 아이들을 돌보아주고 사진과 사연 게재를 흔쾌히 허락해 준 보호자들, 나의 레이키 스승이며 언제나 나를 이끌어주고 도와주시는 호운 서강익 선생님, 바쁜 시간중에도 영문 자료 번역을 도와주고 원고를 다듬어준 손명희 님, 맘에 쏙 드는 삽화 그림을 그려주신 지영 님, 부족한 원고를 다듬고 출판해 애니멀 레이키의 전파를 도와준 샨티출판사에 감사의 말씀을 전하고 싶습니다.

그리고 이 책을 읽고 계신 여러분, 빛으로 축복합니다.

레이키에 대한
더 자세한 정보 소스들

레이키에 대해 좀 더 알고 싶다면?

- http://www.reiki.org
  레이키 티처 윌리엄 리 랜드의 홈페이지. 레이키 교육 및 수련 관련 자료를 제공하고 계간지《레이키 뉴스 매거진》을 발행한다.

- https://reikiacademylondon.com
  레이키 티처Torsten이 운영하는 영국의 레이키 아카데미. 레이키 힐링에 대한 과학적 실험 자료들을 볼 수 있다.

- http://www.healingreiki.com
  레이키 티처 스티브 머레이의 홈페이지. 스티브 머레이는 나의 레이키 스승인 호운 서강익 선생에게 레이키를 전수해 준 스승이기도 하며 동물 차크라 어튜먼트 법을 개발했다.

- http://www.animalreikisource.com
  레이키 티처 캐슬린 프러사드의 홈페이지. 캐슬린은《애니멀 레이키》를 저술하고 보호소 동물 레이키 협회ShelterAnimalReikiAssociation(SARA)를 창립하는 등 애니멀 레이키와 관련된 활동을 활발히 펼치고 있다.

- http://animalhealings.com
  동물 교감 및 원격 힐링 서비스를 제공한다. 애니멀 레이키의 전반적인 소개와 효과를 알기 쉽게 수록해 놓았다.

레이키 힐링에 대한 과학적 연구

- http://clinicaltrials.gov
  미국 국립보건원 검색 서비스. 의학계에서 레이키에 관련되어 진행중이거나 완료된 연구 사례를 검색해 내려 받을 수 있다.

- http://www.centerforreikiresearch.org
  레이키 관련 최신 연구 사례들을 요약 소개한다. 참여 병원들의 목록도 살펴볼 수 있다.
- http://reikiinmedicine.org
  레이키 티처 파멜라 마일스의 홈페이지. 레이키에 대한 전반적 소개 외에도 관련 연구 및 언론 보도 자료를 잘 정리해 놓았으며 일부 자료는 영어 외의 언어로도 번역해서 제공한다.
- http://www.reikiaustralia.com.au/reiki
  레이키 오스트레일리아에서 소개하는 레이키 관련 연구.
- http://www.reiki.org
  《레이키 매거진》에 실린 윌리엄 리 랜드의 글. 병원에서 레이키가 활용되는 사례와 효과를 일목요연하게 모아 소개한다.
- http://www.hopkinsmedicine.org
  존스홉킨스 대학병원 부설 통합의학 소화기센터에서 제공하는 레이키 힐링 서비스 소개.
- http://www.christianreiki.org
  미국 캘리포니아에 위치한 마리아 의학센터에서의 레이키 활용 사례 소개.
- http://www.cumc.columbia.edu
  뉴욕 장로교 모건 스탠리 아동병원 내 콜롬비아 의대 소아암교실에서 진행하는 통합 의학 프로그램 중 레이키 힐링에 대한 소개. 소아암 환자들에게 15분짜리 레이키 힐링을 시행하며 원하는 경우 어튠먼트도 실시한다.
- http://www.cancerresearchuk.org
  영국 암 연구학회에서 제공하는 레이키 소개 자료. 레이키에 대한 전반적 소개와 더불어 암 관련 연구 사례, 비용과 예상 효과, 관련 기관 등을 안내한다.
- http://www.cancer-support.eu
  레이키 힐링 서비스를 제공하는 각국 병원 및 의료 기관 목록 소개. 레이키의 효과를 검증한 다양한 논문들도 요약 소개한다.
- http://www.valleyreiki.com
  파이어니어 밸리 레이키에서 운영하는 호스피스 레이키 힐러 양성 과정 소개.
- https://www.google.co.kr/search?q=reiki+in+hospital
  레이키가 병동에서 어떻게 활용되고 있는지 사진으로 살펴볼 수 있다.

애니멀 레이키 시행자 윤리강령*

기본 정신

- 나는 동물들이 치유의 과정을 함께하는 동등한 동반자라고 믿습니다.

- 나는 동물들을 레이키 시행 대상인 동시에 치유의 여정을 이끌어주는 스승으로서 존중하겠습니다.

- 나는 모든 동물들이 몸과 정신, 감정과 영성을 갖추었으며, 이들 측면에 레이키가 두루 작용하여 심오한 치유 반응을 이끌어낼 수 있음을 이해합니다.

- 나는 사람과 동물의 관계에 레이키를 활용하여 동물 왕국을 바라보는 인간의 시선을 전환시킬 수 있다고 믿습니다.

- 나는 레이키를 시행하면서 겸손과 진실, 자비와 감사의 미덕을 실천하겠습니다.

✳ Animal Reiki Practitioner Code of Ethics. '애니멀 레이키 소스Animal Reiki Source' 설립자인 캐슬린 프러사드Kathleen Prasad가 주창했다. © 2007, Animal Reiki Source.

스스로를 치유할 때 나는 다음 원칙을 따르겠습니다

- 레이키를 시행할 때와 일상 생활 속에서 레이키 5계를 실천하겠습니다.
- 날마다 셀프 힐링과 영성 수련에 힘써 치유 에너지를 전하는 깨끗하고 튼튼한 통로가 되겠습니다.
- 세상 모든 존재의 신성함을 믿고 지구별에서 우리의 동반자로 살아가는 동물들의 가치와 깊이를 소중히 여기겠습니다.
- 우리 모두가 하나임을 명심하고 가슴이 들려주는 지혜에 귀를 기울이겠습니다.

지역 사회에서 나는 다음의 목적을 지향하겠습니다

- 평소의 삶은 물론 동물들을 대하는 가운데 파트너십, 자비, 겸손, 배려와 감사를 몸소 실천하여 다른 이들의 모범이 되겠습니다.
- 지역 사회 내 다른 레이키 시행자/강사*, 동물 복지 관련 전문가 및 기관들과 전문적인 협력 관계를 구축할 수 있도록 힘쓰겠습니다.
- 애니멀 레이키의 이점을 널리 알리고 가르치겠습니다.
- 역량을 쌓기 위한 공부를 소홀히 하지 않아 참된 전문가로서 활동하겠습니다.
- 수의학 및 동물 보건 관계자들과 협력하겠습니다. 동물들이 건강하고 균형 잡힌 삶을 누릴 수 있도록 돕는 노력을 지지하고, 다른 분야의 전

---

* 캐슬린은 '힐러'라는 표현이 행여 가져올 수 있는 오해를 피하기 위해 '레이키 힐러Reiki healer' 대신 '레이키 시행자Reiki practitioner'라는 표현을 사용한다. 본문에서는 '힐러'라는 표현을 썼으나 윤리강령에서는 주창자의 뜻을 존중하여 '시행자'로 옮겼다.

문가들을 존중하겠습니다.

반려인들을 대할 때 나는 다음과 같이 행동하겠습니다

- 레이키 시행 전에 나의 치유관과 레이키 치유 시스템에 대해 안내하겠습니다. 일어날 수 있는 호전 반응과 으레 예상되는 결과에 대해서도 충분히 설명하겠습니다.
- 비용이나 시행 시간, 환불 규정에 대해 사전에 충분한 설명을 제공하겠습니다. 막상 동물이 레이키를 원하지 않아 연기하게 될 경우에 대해서도 안내하겠습니다.
- 결코 의학적 진단을 내리지 않겠습니다. 필요할 경우에는 자격을 갖춘 수의사를 찾도록 권하겠습니다.
- 동물과 반려인들의 사생활을 존중하겠습니다.
- 레이키 시행중 얻은 직관을 반려인과 나누어 치유 과정을 이해하도록 돕되 자비롭고 겸손한 마음을 잊지 않겠습니다.
- 반려인이 동물의 치유 과정과 방법을 선택할 수 있는 권리를 존중하겠습니다. 홀리스틱holistic 관점에서든 기존 수의학적 관점에서든 반려인은 신뢰할 만한 수의사의 도움과 조언에 따라 가장 적합하다 생각되는 방법을 선택할 수 있습니다.

동물들을 대할 때 나는 다음의 지침을 따르겠습니다

- 동물을 동반자로 여기고 함께하겠습니다.
- 레이키 시행 전에 언제나 동물의 허락을 구하고 허락하든 거절하든 동

물의 의사를 존중하겠습니다. 동물이 보여주는 바디 랭귀지를 직관을 통해 세심히 관찰하고 귀 기울이겠습니다.

- 동물이 레이키를 받는 방식을 스스로 결정할 수 있도록 하겠습니다. 동물의 의사에 따라 직접 힐링과 원격 힐링 방식을 조정하겠습니다.
- 결과나 동물의 행동에 대한 모든 기대를 내려놓고 레이키를 믿겠습니다.
- 시행 결과를 아무 편견 없이 받아들이며, 마음을 열고 참여해 준 동물과 레이키에 감사하겠습니다.

샨티의 뿌리회원이 되어
'몸과 마음과 영혼의 평화를 위한 책'을 만들고 나누는 데
함께해 주신 분들께 깊이 감사드립니다.

개인

이슬, 이원태, 최은숙, 노을이, 김인식, 은비, 여랑, 윤석희, 하성주, 김명중, 산나무, 일부, 박은미, 정진용, 최미희, 최종규, 박태웅, 송숙희, 황안나, 최경실, 유재원, 홍윤경, 서화범, 이주영, 오수익, 문경보, 여희숙, 조성환, 김영란, 풀꽃, 백수영, 황지숙, 박재신, 염진섭, 이현주, 이재길, 이춘복, 장완, 한명숙, 이세훈, 이종기, 현재연, 문소영, 유귀자, 윤홍용, 김종휘, 보리, 문수경, 전장호, 이진, 최애영, 김진회, 백예인, 이강선, 박진규, 이욱현, 최훈동, 이상운, 김진선, 심재한, 안필현, 육성철, 신용우, 곽지희, 전수영, 기숙희, 김명철, 장미경, 정정희, 변승식, 주중식, 이삼기, 홍성관, 이동현, 김혜영, 김진이, 추경희, 해다운, 서곤, 강서진, 이조완, 조영희, 이다겸, 이미경, 김우, 조금자, 김승한, 주승동, 김옥남, 다사, 이영희, 이기주, 오선희, 김아름, 명혜진, 장애리, 신우정, 제갈윤혜, 최정순, 문선희

단체/기업

이메일로 이름과 전화번호, 주소를 보내주시면 샨티의 신간과 각종 행사 안내를 이메일로 받아보실 수 있습니다.

전화 : 02-3143-6360 팩스 : 02-6455-6367
이메일 : shantibooks@naver.com